水利工程

建设项目施工组织与管理探究

于建华　著

中国水利水电出版社
www.waterpub.com.cn

内 容 提 要

　　本书主要内容包括绪论、水利工程建设项目施工组织设计、施工进度计划编制——网络计划技术及优化、水利工程建设项目施工质量管理、水利工程建设项目施工进度管理、水利工程建设项目施工成本管理、水利工程建设项目施工合同及招投标管理、水利工程建设项目施工及环境安全管理等,可供水利水电工程技术人员、项目经理和项目管理人员参考使用。

图书在版编目(CIP)数据

　　水利工程建设项目施工组织与管理探究/于建华著
. --北京:中国水利水电出版社,2015.9（2022.9重印）
　　ISBN 978-7-5170-3654-8

　　Ⅰ.①水…　Ⅱ.①于…　Ⅲ.①水利工程—施工组织
②水利工程—施工管理　Ⅳ.①TV512

　　中国版本图书馆 CIP 数据核字(2015)第 220969 号

策划编辑:杨庆川　责任编辑:陈　洁　封面设计:马静静

书　　名	水利工程建设项目施工组织与管理探究
作　　者	于建华　著
出版发行	中国水利水电出版社
	(北京市海淀区玉渊潭南路 1 号 D 座 100038)
	网址:www.waterpub.com.cn
	E-mail:mchannel@263.net(万水)
	sales@mwr.gov.cn
	电话:(010)68545888(营销中心)、82562819（万水）
经　　售	北京科水图书销售有限公司
	电话:(010)63202643、68545874
	全国各地新华书店和相关出版物销售网点
排　　版	北京鑫海胜蓝数码科技有限公司
印　　刷	天津光之彩印刷有限公司
规　　格	170mm×240mm　16 开本　16.5 印张　214 千字
版　　次	2016年1月第1版　2022年9月第2次印刷
印　　数	1501—2500册
定　　价	49.50 元

前　言

　　水利工程建设项目的施工组织与管理是学习和掌握水电知识的基础内容，主要研究的是对具体的水利工程中的施工组织设计和施工过程中的项目进行方方面面的管理。本着给水利工程专业人士以及想要了解水利工程专业的大众提供相关的专业知识，推动国家相关文件精神的更广泛传播，间接促进我国水利工程的组织与管理向着更加专业化的道路发展的宗旨，作者撰写了本书。

　　本书的撰写全部采用新规范、新标准，广泛吸纳新技术，以任务驱动的形式突出实用性，注重理论知识和实践应用相结合，力求体现施工组织与管理的先进经验和技术手段。

　　本书的内容一共分为三部分：第一部分为第 1~2 章，对水利工程施工项目的组织与管理进行了阐述，分析了施工组织和管理的含义与任务、原则以及管理模式，并对施工组织设计的方案、总体布置、进度计划进行了探究；第二部分为第 3 章，主要介绍了施工进度计划编制——网络计划技术及优化的知识内容；第三部分为第 4~8 章，分别从项目的质量、项目的进度、项目的成本、项目的施工合同及招投标、项目的施工安全与环境安全这五个方面研究了水利工程施工项目的管理方式和具体措施。

　　本书在撰写过程中体现出了以下特点。

　　首先，具有实用性。本书在研究水利工程项目组织与管理的过程中，对目前我国水利工程项目施工过程中可能出现的若干问题都进行了分析，并找出了相应的解决措施，这为水利工程施工项目的实际工作提供了指导。

　　其次，具有针对性。本书主要针对相关专业的从业人员和读者，旨在为他们提供技术和理论上的指导。

最后，具有完整性。本书从水利工程施工项目的各个角度进行分析，综合考虑了多种因素；从水利工程施工项目的各方面内容以及各项作业流程入手，对组织与管理进行了详尽的研究。

本书在撰写过程中，参考了很多专家学者的相关著作及文献资料，在此，向这些资料的作者表示诚挚的感谢。当然，由于作者水平有限，加上时间仓促，在撰写过程中难免存在不足之处，还请各位读者批评指正。

作　者

2015 年 6 月

目　录

第1章 绪 论

在国家的基本建设之中,水利水电工程建设占据了一个重要部分。一般来说,水利水电工程的建设规模都十分庞大,会涉及众多的专业,并且所遇到的地形、地质、气候等条件也极为复杂,这就造成水利水电工程的施工难度大、施工周期长的特点。想要成功建设高质量的水利水电工程的项目,就必须要对施工组织进行科学系统的管理。

1.1 施工组织与管理概述

施工组织与管理的主要任务是对施工人员、机械、材料、方法及各个环节之间进行协调,这样就可以在很大程度上保证工程按照原来的计划有序地完成。这对于提高工程质量、合理安排工期、降低工程成本、保证施工安全和施工环境等方面都具有重要的意义。

1.1.1 施工组织与管理的含义

组织指的是为了达到特定的目标,而在分工合作的基础上所构成的人的集合。

组织简单说来是人的集合,但又不能单纯地将其看作是个人的汇合,在这个集合中,人们是为了完成某一目标,相互之间有意识,有关联地进行分工合作而产生的群体。对组织的具体含义,我们可以从以下几个方面来理解。

①组织必须有特定目标。

②组织是一个人为的系统。

③组织必须有分工与协作。

④组织必须有不同层次的权利与责任制度。

在对组织的研究中,结构组织可以反映出职位与个人之间的关系,这种关系经常以网络结构的形式进行呈现。我们也可以从动态和静态两个方面对组织的含义进行理解。静态方面,是指组织结构,即反映人、职位、任务以及它们之间的特定关系的网络;动态方面,是指维持与变革组织结构,以完成组织目标的过程。因此,组织被作为管理的一种基本职能。

专门针对水利水电工程建设项目中的施工组织与管理来说,可以从狭义和广义两个方面来对其进行理解。

(1)狭义方面

狭义的施工组织指的是,由业主委托或指定的负责水利工程施工的承包商的施工项目管理组织。该组织以项目经理部为核心,以施工项目为对象,进行质量、进度、成本、合同、安全等管理工作。

本书中的施工组织与管理,主要就是从狭义方面来对施工组织与管理进行理解的。

(2)广义方面

广义的施工组织与管理指的是,在整个水利施工项目中从事各种项目管理工作的人员、单位、部门组合起来的管理群体。

因为水利工程由于其自身的特性,经常是由许多参建单位合作完成,包括投资者、业主、设计单位、承包商、咨询或监理单位、工程分包商等,参建单位都拥有属于自己的工作任务的施工项目,都有自己相应的施工管理组织。这些施工管理组织之间的责任分工,管理水平以及人员操作水平都不相同,其间的联系复杂,共同形成该水利施工项目总体的管理组织系统。

1.1.2 施工组织与管理的任务

施工组织与管理的任务可以根据具体的工程施工进行灵活的确定,但大体上的任务都是一致的,其会依据水利施工项目的不同,按照业主和承包商签定的施工合同中的要求和任务,通过对项目经理部人员的组织与管理,确定各种管理程序和组织实施方案,以便能够达到工程项目的质量要求,完成总的施工任务,得到经济效益。其具体所涉及的任务如表 1-1 所示。

表 1-1　施工组织与管理的任务

序号	施工组织与管理的任务	任务实现效果
1	研究施工合同,确定施工任务	确定工程项目的总体施工组织与设计,包括对施工项目的人员组织安排、施工总体布置、施工设备的安排、施工总进度计划
2	分析研究施工条件	确定不同施工阶段的施工方案、施工程序、施工组织安排
3	合理安排施工进度,在现场对施工的生产进行监督指导	保证工程建设可以按预期完成
4	解决施工的技术问题	根据工程的文件以及图纸的要求完成各项施工任务
5	解决施工中的质量问题	确保工程质量达到合同及国家规范要求
6	合理地控制施工成本,完成工程的各项结算管理	保证项目经理部可以获得一定的利润
7	对施工过程中的健康安全问题采取必要的措施进行解决	保证施工人员的安全问题,减少意外情况的产生
8	解决施工的环境保护问题	使项目施工达到环境部门的要求
9	解决协调各参建单位之间的信息沟通、协调等问题	减少各部门之间意见的分歧,降低施工的阻碍
10	完成工程的各项阶段验收和竣工验收等工作	做好竣工资料的整理工作

1.1.3　施工组织与管理的研究对象

在对于施工组织与管理的研究中,主要的研究对象是建筑工程的实施过程。

一般情况下,建筑工程的施工具有一定的复杂性和一次性。建筑施工涉及方方面面的问题,不仅包括工程力学、工程地质、建筑结构、建筑材料、工程测量、机械设备、施工技术等学科专业知识外,还涉及与工程勘测、设计、消防、环境保护等各部门的协调配合。

此外,由于不同地区的地理面貌、环境季节与温度、施工现场条件都有差异,它们的施工准备工作、施工工艺和施工方法也不相同。针对每个独特的工程项目,通过施工组织可以找到最合理的施工方法和组织方法,并通过施工过程中的科学管理确保工程项目顺利地实施。

1.2 施工组织与管理的基本原则

建设项目一旦批准立项,如何组织施工和进行施工前准备工作就成为保证工程按计划实施的重要部分,其组织与管理工作就显得更为重要。

总结过去水利水电工程施工的经验,在施工组织与管理方面,其需要遵循的原则主要有以下两个方面。

①坚持科学管理原则。科学的管理制度能够提高工程建设的效率,明确各参建单位的工作范围,为完成工程的建设创建了良好的环境条件。

②坚持按基本建设程序办事原则。坚持国家为加强和完善建筑活动的实施与管理而运行的机制,这些机制为建筑工程的顺利实施提供法律依据,必须认真贯彻执行。

1.3 施工组织与管理的模式

1.3.1 项目组织的职能

项目组织的职能是项目管理的基本职能,项目组织的职能包括计划职能、指挥职能、组织职能、控制职能、协调职能等几个方面。

（1）计划职能

计划职能是指为了实现项目的目标，对所要做的工作进行安排，并对资源进行配置。

（2）组织职能

组织职能是指为实现项目的目标，建立必要的权力机构、组织层次，进行职能划分，并规划职责范围和协作关系。

（3）指挥职能

指挥职能是指项目组织的上级对下级的领导、监督和激励。

（4）控制职能

控制职能是指采取一定的方法、手段使组织活动按照项目的目标和要求进行。

（5）协调职能

协调职能是指为了实现项目目标，项目组织中各层次、各职能部门团结协作，步调一致地共同实现项目目标。

1.3.2　项目组织的形式

项目组织的组织形式主要有三种基本类型，如图 1-1 所示。

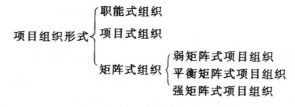

图 1-1　项目组织形式

1. 职能式组织

职能式组织指的是，在同一个组织单位里，把具有相同职业特点的专业人员组织在一起，为项目服务，如图 1-2 所示。

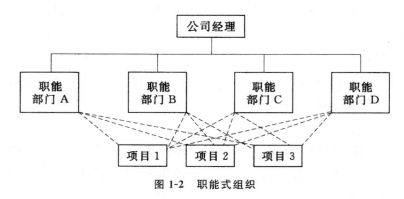

图 1-2　职能式组织

（1）职能式组织的特点

职能式组织最突出的特点是专业分工强，可以将工作的注意力进行全部集中作用于本部门。

职能部门的技术人员聚集在一起时就可以进行知识与水平的交流，发现问题时可以集思广益，提高解决问题的效率，加快工程进度，技术人员不单只为一个项目服务，可以参与多个项目的工程建设，为保证项目的连续性充分发挥了作用。

（2）职能式组织的不足

职能部门工作时是将本部门的利益放在第一位的，项目的利益往往被忽略，职能部门往往只关心自身部门能够得到什么利益，而不管该利益是否对整个工程建设有利。各个职能部门的利益难免有所不同，造成各个部门之间难以协调。

（3）职能式组织的适用范围

职能式组织经常用于为企业解决某些专门问题，如开发新产品、设计公司信息系统、进行技术革新等。可以认为这是寄生于企业中的项目组织，项目领导仅作为一个联络小组的领导，从事收集、处理和传递信息，而与项目相关的决策主要由企业领导作出，所以项目经理对项目目标不承担责任。

2. 项目式组织

项目式组织又叫做直线式组织，在此项目组织中，是依据项目的要求进行人员的分属，所有人员都受到项目经理的管理。换言之,由项目经理管理一个特定的项目团体,即使没有项目职能部门经理参与进来,项目经理也可以对项目进行全面地控制,并对项目目标负责,其机构形式如图 1-3 所示。

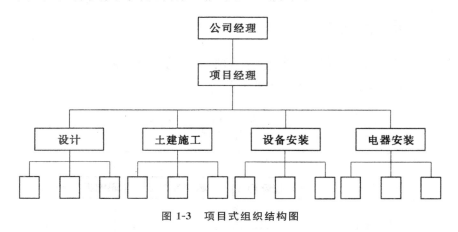

图 1-3 项目式组织结构图

(1)项目式组织的特点

项目式组织的项目经理拥有该项目的控制权,可以调配整个项目组织内外资源对项目进行全权负责,享有最大限度的自主权,分属的各个成员可以很好地完成对项目的分工合作;项目目标单一,决策迅速,能够对用户的需求或上级的意图做出最快的响应;项目式组织结构简单,易于操作,在进度、质量、成本等方面控制也较为灵活。

(2)项目式组织的不足

项目式组织由项目经理对项目进行全权控制与复杂,故对项目经理的能力要求很高,其必须对施工工程的各个方面的内容都进行掌握,即需要一个具备各方面知识和技术的全能式人物;在建设过程中,由于项目各阶段的工作侧重面不一样,导致项目团队中各个成员的工作的强度会有所不同,有人某一段时间很忙,而另外的人员却非常清闲,这种情况不仅会影响组织成员的积极性,还会造成人才的闲置与浪费;项目组织中各部门之间分工较为明确,各自负责各自的部分,有比较明确的界限,不利于各部门的沟通。

(3)项目式组织的适用范围

项目式组织常用于中小型项目,也常见于一些涉外及大型项目的公司,如建筑业项目,这类项目成本高,时间跨度大,项目组织成员长时间合作,沟通容易,而且项目组成员具备较高的知识结构。

3. 矩阵式组织

矩阵式组织可以克服上述两种形式的不足,它基本是职能式和项目式组织重叠而成,如图 1-4 所示。

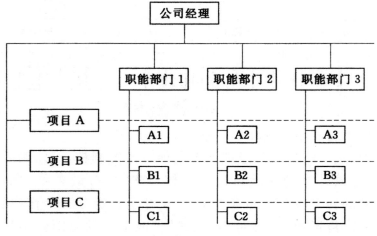

图 1-4　矩阵式组织结构图

(1)矩阵式组织的特点

在矩阵式组织中,建立与公司保持一致的规章制度;不仅可以从宏观上调配组织的内外资源,平衡组织中的资源需求,保证各个项目各自所需的时间、材料以及费用等要求,还能够精简人员,发挥每个人才的作用,尤其是职能部门的作用得到充分发挥。

(2)矩阵式组织的不足

矩阵式组织中的每个成员需要同时接受来自职能部门和项目部门的两个部门的领导,当两个领导的指令不一致时,会令部门人员左右为难,不知听从哪一个领导安排,任务模糊不清,令人无所适从;权利的均衡导致没有明确的负责者,责权分配不清,工作受到影响;项目经理与职能部门经理的职责不同,项目经理必须与部门经理进行资源、技术、进度、费用等方面的协调和权衡。

（3）矩阵式组织的适用范围

矩阵式组织常用于大型综合项目中，或有多个项目同时开展的企业。

1.3.3　工程项目管理方式

在实践中，因工程项目自身的特殊性，其管理方式也各不相同，有着多种类型，可以适用不同环境条件下的项目工程。

1. 传统方式

传统方式又称设计－招标－建造方式。采用这种方法时，业主与设计机构（建筑师）签定专业服务合同，设计机构（建筑师）负责提供合同的设计和施工文件，在设计机构（建筑师）协助下，通过竞争性招标将工程施工的任务交给报价最低且最具资质的投标人（总承包商）来完成。如图 1-5 所示。

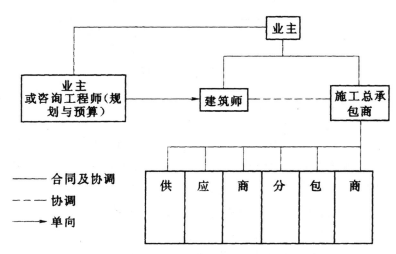

图 1-5　传统的工程项目管理模式

传统方式最显著的特点是，工程项目的实施只能按顺序方式进行，即只有一个阶段结束后另一个阶段才能开始，传统方式的工程项目建设程序清晰明了，历史悠久，并得到广泛认同的工程项目管理方式。

2. BOT 方式

BOT(Build-Operate-Transfer)即建造－运营－移交方式[①],其典型结构框架如图 1-6 所示。

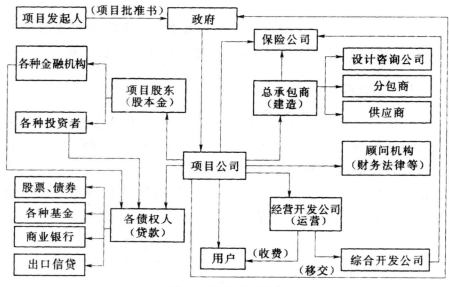

图 1-6　BOT 方式结构

3. CM 管理方式

CM(Construction Management Approach,CM)管理方式,主要是聘请施工经验丰富的 CM 经理进行项目的建设,CM 经理除了可以为施工提供自己的意见之外,还要对整个施工工程进行负责,这种管理方式可以有效地避免传统方式的不足。

(1)CM 管理方式

CM 管理方式主要有两种,如图 1-7 所示。

第一种为代理型 CM 管理方式,第二种为风险型 CM 管理方式。前者比起后者更为纯粹,CM 经理对项目工程进行负责,解

---

① BOT 方式是指东道国政府开放本国基础设施建设和运营市场,吸收国外资金,授权项目公司特许权,由该公司负责融资和组织建设,建成后负责运营及偿还贷款,在特许期满将工程移交东道国政府。

答业主疑问,是业主的代理,后者 CM 经理还要对整个工程进行总承包,但是不管哪一种形式,CM 经理都无法保证对整个项目的进度和成本的有效控制。

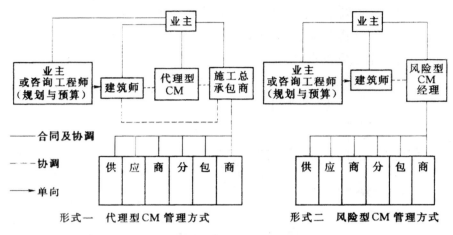

图 1-7　CM 管理模式的两种实现形式法

（2）CM 管理方式的适用范围

CM 管理方式的适用范围有：设计可能经常需要变更的项目；工期比较紧,而且不能等待编制出完整的招标文件（阶段性施工）的项目；由于工作范围和规模不确定而无法准确定价的项目。

4. 设计－管理方式

设计－管理方式是一种类似 CM 方式,但更为复杂的是由同一实体向业主提供设计和施工管理服务的工程管理方式。在通常的 CM 方式中,业主分别就设计和专业施工过程签定合同。采用设计－管理合同时,业主只签定一份既包括设计也包括 CM 服务在内的管理服务合同。在这种情况下,设计师与 CM 经理是同一实体。这一实体常常是设计机构与施工管理企业的联合体。

采用设计管理时,由多个与业主或设计－管理公司签定合同的独立承包商负责具体工程施工。设计管理人员则负责施工过程的规划、管理与控制。其通常会采用阶段施工法。

5. 设计一建造方式

设计一建造方式是一种简练的工程管理方式,如图 1-8 所示。在项目原则明确以后,业主只需选定唯一的实体负责项目的设计与施工。由于其非常适合阶段施工法,因此,这种管理方式在建筑业的使用已经非常普遍。

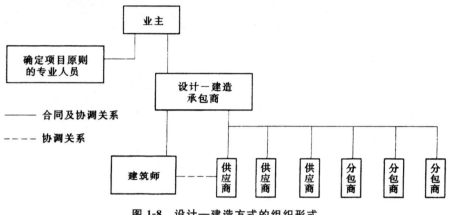

图 1-8　设计—建造方式的组织形式

设计一建造方式的基本特点是在项目实施过程中保持单一的合同责任,选定设计建造承包商的过程比较复杂。如果是政府投资项目,业主必须采用竞争性招标的方式选择承包商。为了确保承包商的质量,还可确定正式的资格预审原则。

第2章　水利工程建设项目施工组织设计

　　施工组织设计是施工组织设计的重要组成部分,是施工组织设计的总纲。它根据党和国家的方针政策、上级主管部门的指示,从研究整个工程施工的经济效益出发,分析工程特点和施工条件;从工程施工在时间顺序上的合理安排、施工现场在平面和空间上的布置,以及所需劳动力和资源供应等方面,阐明和论证技术上先进、经济上合理、能确保工期和质量的总的规划布置方案,为保证工程按合理工期组织施工创造前提条件。

2.1　施工组织设计概述

　　施工组织设计是以整个建设项目为对象编制的,用以指导整个工程项目施工全过程的各项施工活动的全局性、控制性文件。它是对整个建设项目的全面规划,涉及的内容多范围广。

　　施工组织设计主要指的是初步设计阶段的施工组织设计。在做初步设计时,采用的设计方案,必然联系到施工方法和施工组织,不同的施工组织,所涉及的施工方案是不一样的,所需投资也不一样。所以说施工组织设计是方案比选的基础,是控制投资的一种必须手段,它是整个项目的全面规划,涉及范围是整个项目,内容比较概括。另外,施工组织设计是初步设计不可缺少的内容,也是编制总概算的依据之一。这一阶段施工组织设计,由设计者编写。

　　施工组织设计主要是设计前期阶段的施工组织设计,可细分为:河流规划阶段的施工组织设计、可行性研究阶段施工组织设计、初步设计阶段施工组织设计。

2.1.1　施工组织设计的意义

在施工组织设计工作中，施工总组织设计最早开始，最晚结束，贯穿设计施工全过程。在水工建筑物设计初期，施工总组织设计参与坝址、坝型选择，参与选择和评价水工枢纽布置方案；导流设计中，施工总组织设计配合选择导流方案，对导、截流建筑物的布置，提出指导性的建议；在其他各单项工程施工组织设计中，从拟订方案，经过论证、调整、充实和完善，到得出各项综合技术经济指标的整个过程中，总组织设计工作始终起着指导、配合、协调、综合平衡的作用。同时通过施工组织设计者的深入工作，使总组织设计的成果有了可靠的基础。

施工组织设计，既有技术经济问题，又有方针政策问题；既有承上启下、瞻前顾后配合协调的作用，又有研究和汇总施工组织设计各单项设计成果的责任。施工总组织设计内容丰富、涉及面广、综合性强，其设计成果综合地体现在施工总进度、施工总体布置、施工技术供应等图表上。

2.1.2　施工组织设计的分类

按照编制的对象或范围不同，可以分为施工组织设计、单项工程施工组织设计和分部（分项）工程施工组织设计三类。

1. 施工组织设计

施工组织设计是以整个水利水电枢纽工程为编制对象，用以指导整个工程项目施工全过程的各项施工活动的综合性技术经济文件。它根据国家政策和上级主管部门的指示，分析研究枢纽工程建筑物的特点、施工特性及其施工条件，制定出符合工程实际的施工总体布置、施工总进度计划、施工组织和劳动力、材料、机械设备等技术供应计划，用以指导施工。

2. 单项工程施工组织设计

单项工程施工组织设计是以一个单项（单位）工程为编制对象。

3. 分部(分项)工程施工组织设计

分部(分项)工程施工组织设计主要指以分部(分项)工程为对象,编制较详细、具体。

按照基本建设程序,一般在工程设计阶段要编制施工组织设计,相对比较宏观、概括和粗略,对工程施工起指导作用,但可操作性差;在工程项目招投标或施工阶段要编制单项工程施工组织设计或分部分项工程施工组织设计,编制对象具体,内容也比较翔实,具有实施性,可以作为落实施工措施的依据。

2.1.3 编制施工组织设计所需要的主要资料

1. 技术施工阶段施工规划需进一步搜集的基本资料

基本资料如下:

①初步设计中的施工组织设计文件及初步设计阶段搜集到的基本资料。

②技术施工阶段的水工及机电设计资料与成果。

③进一步搜集国内基础资料和市场资料。

④补充搜集国外基础资料与市场信息(国际招标工程需要)。

施工组织设计是工程设计的一部分,其设计需要依托水文、测量、地质、水工、机电等专业的设计,本专业还需要给其他专业提供相关资料,比如给环评、水保、移民、概算专业提供相关资料等等。施工组织设计与相关专业的关系如图 2-1 所示,与相关专业的技术接口如图 2-2 所示。

2. 主要参考资料及设计手册

主要参考资料及设计手册如下:

①《水利水电工程施工组织设计规范》。

②《水利水电工程施工组织设计手册》(5 卷)。

③《水利水电工程施工手册》(5 卷)。

④《水利水电工程设计范本》(施工专业部分)。

⑤《水利水电工程设计导则》。

⑥《水利水电工程……施工规范》，"……"表示防渗墙、灌浆、土石坝、水电站等。

⑦对于单项道路、桥梁、供水工程，需要研究交通行业、给排水专业相关规范。

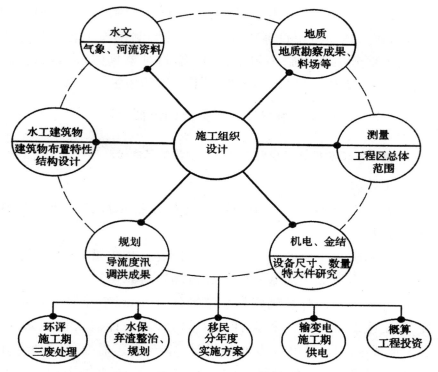

图 2-1　施工组织设计与相关专业的关系

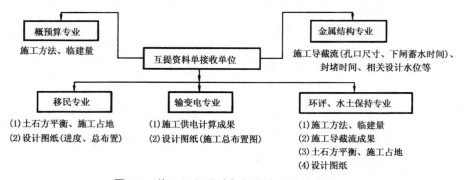

图 2-2　施工组织设计与相关专业的技术接口

3. 主要规程、规范

现行水利水电工程设计水利规范、水电规范如表 2-1 所示。使用中注意相关规范的更新。

表 2-1　施工组织设计依据的主要规程、规范及参考资料

项目		主要规程、规范	参考资料
施工导流	导流明渠	《水电水利工程施工导流设计导则》(DL/T 5114—2000) 《渠道防渗工程技术规范》(GB/T 50600—2010) 《水工隧洞设计规范》(SL 279—2002)	《施工导流标准及方式设计大纲范本》 《导流明渠设计大纲范本》 《导流隧洞设计大纲范本》 《导流底孔设计大纲范本》 《截流设计大纲范本》 《施工期封堵、蓄水设计大纲范本》
	导流隧洞		
	导流底孔		
	截流		
	施工期封堵、蓄水		
	混凝土围堰	《水电水利工程围堰设计导则》(DL/T 5087—1999)	《混凝土围堰设计大纲范本》
	土石围堰		《土石围堰设计大纲范本》
主体工程施工	土石方明挖	《水闸施工规范》(SL 27—91) 《水工预应力锚固施工规范》(SL 46—94) 《水工建筑物岩石基础开挖工程施工技术规范》(SL 47—94) 《混凝土面板堆石坝施工规范》(SL 49—94) 《水工碾压混凝土施工规范》(SL 53—94) 《水工建筑物水泥灌浆施工技术规范》(SL 62—94) 《小型水电站施工技术规范》(SL 172—2012) 《水利水电工程混凝土防渗墙施工技术规范》(SL 174—96) 《混凝土面板堆石坝施工规范》(DL/T 5128—2001) 《水电水利工程施工机械选择设计导则》(DL/T 5133—2001)	《土石方开挖及边坡处理设计大纲范本》

项目		主要规程、规范	参考资料
主体工程施工	地基处理	《水利水电工程混凝土防渗墙施工技术规范》(SL 174—96)	《基础处理施工设计大纲范本》
	混凝土施工	《水工混凝土施工规范》(DL/T 5144—2001) 《水电水利工程模板施工规范》(DL/T 5110—2013) 《水工建筑物滑动模板施工技术规范》(SL 32—92)	《混凝土坝施工设计大纲范本》 《电站厂房施工设计大纲范本》
	碾压式土石坝施工	《水电水利工程碾压式土石坝施工组织设计导则》(DL/T 5116—2000) 《碾压式土石坝施工技术规范》(SDJ 213—83)	《水利水电工程施工手册——土石方工程》 《水利水电工程师实用手册》
	地下工程施工	《水利水电地下工程锚喷支护施工技术规范》(SDJ 57—85) 《水工建筑物地下开挖工程施工技术规范》(DL/T 5099—2011) 《水利水电工程爆破施工技术规范》(DL/T 5135—2001)	《地下工程施工设计大纲范本》 《电站厂房施工设计大纲范本》
	机械选型	《水电水利工程施工机械选择设计导则》(DL/T 5133—2001)	《工程常用数据速查手册丛书》 建筑施工机械常用数据速查手册》(2007版)
施工交通运输	对外交通	《水电水利工程施工交通设计导则》(DL/T 5134—2001)	《对外交通运输设计大纲范本》
	场内交通		
施工工厂设施	砂石料系统设计	《水电水利工程砂石加工系统设计导则》(DL/T 5098—2010)	《砂石料系统设计大纲范本》

续表

项目		主要规程、规范	参考资料
施工工厂设施	混凝土生产系统	《水电水利工程混凝土生产系统设计导则》(DL/T 5086—1999)	《混凝土生产系统设计大纲范本》
	混凝土预冷、预热系统	《水利水电工程混凝土预冷系统设计规范》(SL 512—2011) 《冷库设计规范》(GB 50072—2001)	《混凝土预冷、预热系统设计大纲范本》
	风、水、电、通信	《水电水利工程施工压缩空气、供水、供电系统设计导则》(DL/T 5124—2001)	《施工期风、水、电、通信设计大纲范本》
	修配及综合加工系统	《水利水电工程初步设计报告编制规程》(SL 619—2013) 《水利水电工程施工组织设计规范》(DL/T 5397—2007)	《修配及综合加工系统设计大纲范本》
施工总布置	施工总布置规划	《水电水利工程施工总布置设计导则》(DL/T 5192—2004)	《施工总布置编制大纲范本》
施工总进度	施工总进度编制	《工程网络计划技术规程》(JGJ/T 121—99)	《施工总进度编制设计大纲范本》

4. 计算机辅助设计

相关计算机辅助设计 IT 软件如表 2-2 所示。

表 2-2　施工组织设计计算机辅助程序表

项目		可用程序
施工导流	导流明渠	理正渠道设计程序,四川水利职业技术学院自编的纵断面成图、工程量计算工具等
	导流隧洞	理正隧洞计算分析程序
	导流底孔	ANSYS 5.5 系统软件、理正水力学计算程序
	截流	海卓截流分析计算程序

项目		可用程序
施工导流	施工期封堵、蓄水	水库调洪演算程序
	混凝土围堰	重力坝、拱坝设计程序
	土石围堰	理正岩土软件
主体工程施工	土石方明挖	Civil 3D 三维制图软件
	地基处理	理正岩土软件、理正深基坑软件
	混凝土施工	混凝土温控计算系列程序,如冷却水管布置、制冷系统计算分析
	碾压式土石坝施工	飞时达方格网土方计算软件
	地下工程施工	参看各水电工程局编制的施工方案案例
施工交通运输	对外交通	道路设计大师、桥梁设计大师等
	场内交通	挡土墙设计、道路设计大师、桥梁设计大师、Civil 3D 等
	砂石料系统	施工工厂的设计,当前设计院从事的不多,一般做到初步设计阶段就可以了,这方面侧重规模的确定及系统布置形式,可参看各水电工程局编制的技术投标范例
	混凝土生产系统	
施工工厂设施	混凝土预冷、预热系统	
	风、水、电、通信	
	修配及综合加工系统	
施工总布置	施工总布置规划	当前以手工布置为主,市场上有施工总布置辅助绘图的程序,但都不成熟
施工总进度	施工总进度编制	Project6、3P、梦龙等,可参看四川水利职业技术学院自编《水利水电工程施工总进度计算机辅助制图程序》

2.1.4　施工组织设计成果

施工组织设计在各设计阶段有不同的深度和要求,其成果组成也有所不同,如图2-3所示。

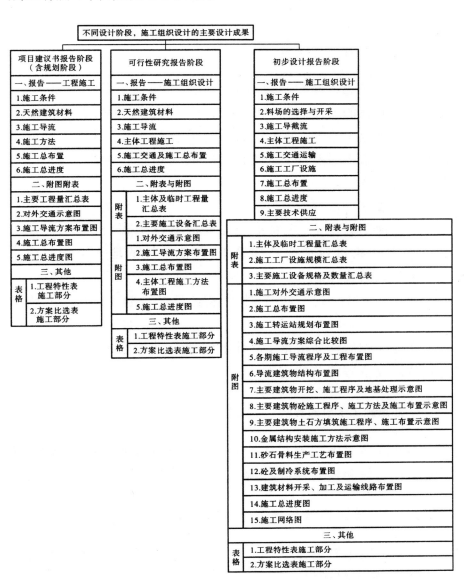

图2-3　不同设计阶段的施工组织设计主要设计成果

2.2　施工组织设计的方案

2.2.1　拟定施工程序的注意事项

1. 注意施工顺序的安排

施工顺序是指互相制约的工序在施工组织上必须加以明确、而又不可调整的安排。建筑施工活动由于建筑产品的固定性，必须在同一场地上进行，如果没有前一阶段的工作，后一阶段就不能进行。在施工过程中，即使它们之间交错搭接地进行，也必须遵守一定的顺序。

施工顺序一般要求：

①先地下后地上：主要指应先完成基础工程、土方工程等地下部分，然后再进行地面结构施工；即使单纯的地下工程也应执行先深后浅的程序。

②先主体后围护：指先对主体框架进行施工，再施工围护结构。

③先土建后设备安装：先对土建部分进行施工，再进行机电金属结构设备等安装的施工。

2. 注意施工季节的影响

不同季节对施工有很大影响，它不仅影响施工进度，而且还影响工程质量和投资效益，在确定工程开展程序时，应特别注意。

2.2.2　施工方法与施工机械的选择

施工方案编制的主要内容包括：确定主要的施工方法、施工工艺流程、施工机械设备等。

要加快施工进度、提高施工质量，就必须努力提高施工机械化程度。在确定主要工程施工方法时,要充分利用并发挥现有机械能力,针对施工中的薄弱环节,在条件许可的情况下,尽量制定出配套的机械施工方案,购置新型的高效能施工机械,提高机械动力的装备程度。

在安排和选用机械时,应注意以下几点。

①主导施工机械的型号和性能,既能满足构件的外形、重量、施工环境、建筑轮廓、高度等的需要,又能充分发挥其生产效率。

②选用的施工机械能够在几个项目上进行流水作业,以减少施工机械安装、拆除和运输的时间。

③建设项目的工程量大而又集中时,应选用大型固定的机械设备;施工面大而又分散时,宜选用移动灵活的施工机械。

④选用施工机械时,还应注意贯彻土洋结合、大中小型机械相结合的方针。

2.3　施工组织设计的总进度计划

2.3.1　施工进度的各设计阶段及类型

1. 施工进度计划的编制阶段

(1)工程河流规划阶段

根据已掌握的流域内的自然和社会条件,进行的规划,及可能的施工方案,参照已建工程的施工指标,拟定轮廓性施工进度规划,匡算施工总工期、初期发电期、劳动力数量和总工日数。

(2)可行性研究阶段

根据工程具体条件和施工特性,对拟定的各坝址、坝型和水工枢纽布置方案,分别进行施工进度的分析研究,提出施工进度资料,参与方案选择和评价水工枢纽布置方案。在既定方案的基础上,配合拟定并选择导流方案,研究确定主体工程施工分期和施工程序,提出控制性进度表及主要工程的施工强度,初算劳动力高峰时人数和平均人数。

（3）初步设计阶段

根据主管部门对可行性研究报告的审批意见、设计任务和实际情况的变化,在参与选择和评价枢纽布置方案、施工导流方案的过程中,提出并修改施工控制性进度;对导流建筑物施工、工程截流、基坑抽水、拦洪、后期导流和下闸蓄水等工期要认真分析;对枢纽主体工程的土建、机电、金属结构安装等的施工进度要求其程序合理,平行、依次、流水,均衡施工。

（4）技术设计（招标设计）阶段

根据初步设计编制的施工总进度和水工建筑物形式、工程量的局部修改、结合施工方法和技术供应条件,进一步调整、优化施工总进度。

2. 施工进度计划的类型

施工进度计划常用施工进度表等形式表示,施工进度表分为两种类型:

（1）横道图（甘特图）

横道图上标有各单项工程主要项目的施工时段、施工工期和平均强度,并有经平衡后汇总的主要施工强度曲线和劳动力需要量曲线。由于它具有图面简单明确,使用时直观易懂等优点,故在实际工程中广泛应用。其缺点是不能反映各分项工程间的逻辑关系,不能反映进度安排的工期、投资或资源的相互制约关系,并且进度的调整修改工作十分复杂,优化也十分困难。

（2）网络图

它能明确反映各分项工程之间的依存关系,并能标示出控制工期的关键线路,便于施工的控制和管理,同时又有利于采用计算机等先进的计算手段,因此施工进度计划的优化或调整比较方便。

2.3.2　编制施工总进度的主要步骤

1. 收集基本资料

在编制施工总进度之前和在工作过程中,要收集和不断完善所需的基本资料,主要包括:

①可行性研究报告及审查意见。

②国家规定的工程施工期限或限期投入运转的顺序和日期,以及上级主管部门对该工程的指示文件。

③工程勘测和技术经济调查资料。

④初步设计各专业阶段成果。

⑤工程建设地点的对外交通现状及近期发展规划。

⑥施工区水源、电源情况及供应条件。

⑦工程的规划设计和预算文件。

⑧交通运输和技术供应的基本资料。

2. 编制轮廓性施工进度

轮廓性施工进度,可根据初步掌握的基本资料和水工建筑物布置方案,结合其他专业设计文件,对关键性工程施工分期、施工程序进行粗略的研究之后,参考已建同类工程的施工进度指标,匡估工程受益工期和总工期。

3. 编制控制性施工进度

编制控制性施工进度时,应以关键性工程施工项目为主线,根据工程特点和施工条件,拟定关键性工程项目的施工程序,分析研究关键性工程的施工进度。选择关键性施工进度作为主线,拟定初步的控制性施工进度表。计算并绘制施工强度曲线,经反复调整,使各项进度合理,施工强度曲线平衡。

4. 施工进度方案比较

在可行性研究阶段或初步设计的前期,一般常有几个施工布置方案,对一个水工方案可能做出几种不同的施工方案因而可以编制出多个相应的施工进度方案,需要对施工进度方案进行比较和优选。

对于具有代表性的施工方案,都应编制控制性施工进度计划表,提出施工进度计划指标和对施工方案的评价意见,作为施工布置方案比较的依据之一。

5. 编制施工总进度表

施工总进度表是施工总进度的最终成果,它是在控制性进度表的基础上进行编制的,其项目较控制性进度表全面而详细。在编制总进度表的过程中,可以对控制性进度作局部修改。对非控制性施工项目,主要根据施工强度和土石方、混凝土方平衡的原则安排。

总进度表除了应绘制出施工强度曲线外,还应绘出劳动力需要量曲线,并计算出整个工程的总劳动工日及机械总台班。

2.3.3　编制施工总进度的主要进度计划

1. 列出工程项目

在施工总进度的重要内容是拟定施工中各项工作的施工先后顺序和起止时间,从而起到制定和据此控制总工期的作用,因此编制施工总进度的首要工作是按照工程开展顺序和分期投产要求,将项目建设内容进行分解及合并,列出施工过程中可能涉及的工程项目。

总进度计划的项目划分不宜过细。列项时,应根据施工部署中分期、分批开工的顺序和相互关联的密切程度依次进行,将主要工程项目列入工程名称栏内。例如河床中的水利水电工程的项目分解示意图(图2-4)。

工程项目列出表后,要结合具体项目与已建的类似项目进行对比,完善工程项目表,尽可能做到所列工程项目没有重复和遗漏。

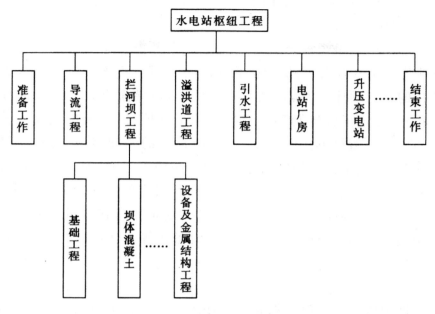

图 2-4　项目分解示意图

2. 计算工程量

在列出工程项目后,依据所列项目,根据工程量计算规则(GB 50501—2007《水利工程工程量清单计价规范》、SL328—2005《水利水电工程设计工程量计算规定》),计算各项工程的工程量。工程量计算时,由于进度计划所对应的设计阶段不同,工程量计算精度也不一样。工程量的计算一般应根据工程量计算规则、设计图纸、有关定额手册或资料进行。其数值的准确性直接关系到项目持续时间的误差,进而影响进度计划的准确性。

计算工程量常采用列表的方式进行。工程量的计量单位要与使用的定额单位相吻合。计算出的工程量应填入工程量汇总表。

3. 分析确定项目之间的逻辑关系

项目之间的逻辑关系取决于工程项目的性质和轻重缓急、施工组织、施工技术等许多因素,概括说来分为两大类。

(1)组织关系

即由施工组织安排决定的施工顺序关系。如工艺上没有明确规定先后顺序关系的工作,由于考虑到其他因素的影响而人为安排的施工顺序关系,均属此类。例如,由导流方案所形成的导流程序,决定了各控制环节所控制的工程项目,从而也就决定了这些项目的衔接顺序。又如,由于劳动力的调配、建筑材料的供应和分配、施工机械的转移、机电设备进场等原因,安排一些项目在先、另一些项目滞后,均属组织关系所决定的顺序关系。再如,采用全段围堰隧洞导流的导流方案时,通常要求在截流以前完成隧洞施工、库区清理、围堰进占、截流备料等工作,由此形成了相应的衔接关系。

(2)工艺关系

即由施工工艺决定的施工顺序关系。在作业内容、施工技术方案确定的情况下,各工种工作逻辑关系是确定的,不得随意更改。如一般土建工程项目,应按照先地下后地上、先基础后结构、先土建后安装再调试的原则安排施工顺序。现浇柱子的工艺顺序为:扎柱筋—支柱模—浇柱混凝土—养护和拆模。土坝坝面作业的工艺顺序为:铺土—平土—晾晒或洒水—压实—刨毛。它们在施工工艺上,都有必须遵循的逻辑顺序,违反这种顺序将付出额外的代价甚至造成巨大损失。

项目之间的逻辑关系,是科学地安排施工进度的基础,应逐项研究,仔细确定。

4. 编制劳动力、材料、机械设备等需要量

根据拟定的施工总进度和定额指标,计算劳动力、材料、机械设备等的需要量,并提出相应的计划。这些计划应与器材调配、材料供应、厂家加工制造的交货日期相协调。所有材料、设备尽量均衡供应,这是衡量施工进度是否完善的一个重要标志。

5. 初拟施工进度

这是编制总进度的一项主要步骤。在草拟总进度计算时,应该做到抓住关键、分清主次、安排合理,保证各项工程的实施时间和顺序互不干扰、可能实现连续作业。在水利工程的实施工中,与雨洪有关的、受季节性影响的以及施工技术复杂的控制性工程,往往是影响工程进度的关键环节,一旦这些项目的任何一个发生延误,都将影响整个工程进度。因此,在总进度中,应特别注意对这些项目的进度安排,以保证整个项目的如期进行。

6. 论证施工强度

论证施工强度的目的在于分析初拟的施工进度是否合理。在论证施工强度时,一般采用工程类比法。如果没有类似工程可供对比,则应通过施工设计,从施工方法、施工机械和生产能力、施工的现场布置、施工措施等方面进行论证。

7. 编制正式施工总进度计划

经过调整优化后的施工进度计划,可以作为设计成果整理以后提交审核。此外,还应根据施工开展程序和主要工程项目施工方案,编制好施工项目全场性的施工准备工作计划。

图 2-5 是某水库工程施工总进度计划(横道图)。

2.3.4　施工总进度编制实例

以土石坝为主体工程的某水库施工总进度。

该水库工程工期 3 年,第 4 年 7 月蓄水,以此为控制,到第 4 年 6 月底之前全部建成投产。其施工总进度见图 2-6。

序		工程项目	工程量	单位	工期(月)
1	施工准备工程	施工临时道路	8	km	5
2		永久公路	4.5	km	4
3		临时房屋建筑	18000	m²	8
4		风水电等设施			5
5		砂石系统			2
6		拌利系统			4
7	施工导流	导流隧洞开挖及衬砌	2291	m³	2
8		土石围堰	1678	m³	1
9		围堰拆除	256	m³	1
10		导流隧洞封堵	76	m³	1
11	大坝工程	坝肩开挖	64800	m³	3
12		坝基开挖	32400	m³	1
13		混凝土浇筑	163500	m³	27
14		金属结构设备安装	7.2	t	3
15	发电工程	引水隧洞开挖	14000	m³	12
16		引水隧洞混凝土衬砌	2123	m³	6
17		进水口开挖	16200	m³	2
18		进水口混凝土浇筑	932	m³	4
19		进水口金结安装	126.3	t	2
20		基础开挖	16500	m³	3
21		厂房混凝土浇筑	7341	m³	8
22		尾水渠	145	m³	3
23		水轮发电机组安装	3	台	7

图2-5 某水库工程施工总进度计划

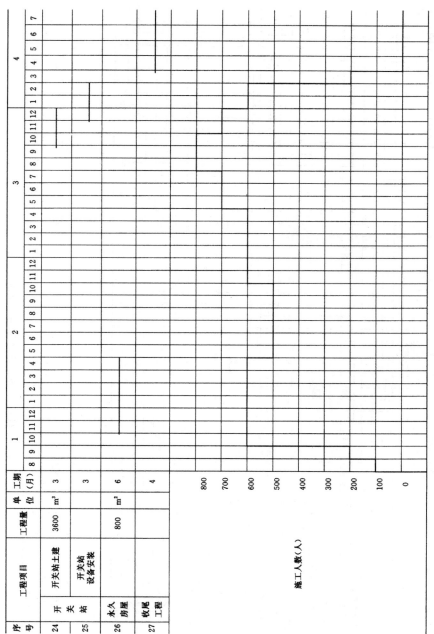

图2-5　某水库工程施工总进度计划（续）

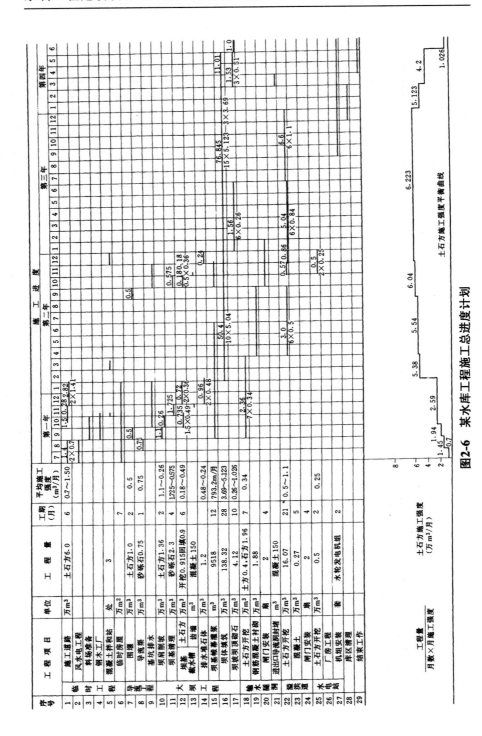

图2-6 某水库工程施工总进度计划

2.4　施工组织设计的总体布置

2.4.1　施工总布置的原则、基本资料和基本步骤

1. 施工总布置的作用

施工总平面图是拟建项目施工场地的总布置图,是施工组织设计的重要组成部分,它是根据工程特点和施工条件,对施工场地上拟建的永久建筑物、施工辅助设施和临时设施等进行平面和高程上的布置。施工现场的布置应在全面了解掌握枢纽布置、主体建筑物的特点及其他自然条件等基础上,合理的组织和利用施工现场,妥善处理施工场地内外交通,使各项施工设施和临时设施能最有效地为工程服务。保证施工质量,加快施工进度,提高经济效益。另外,将施工现场的布置成果标在一定比例的施工地区地形图上,绘制的比例一般为 1:1000 或者 1:2000,就构成施工现场布置图。

2. 施工总布置的基本步骤

施工总布置的基本步骤如下:
①收集分析整理资料。
②编制并确定临时工程项目明细及规模。
③施工总布置规划。
④施工分区布置。
⑤场内运输方案。
⑥施工辅助企业及辅助设施布置。
⑦各种施工仓库布置。
⑧施工管理。
⑨总布置方案比较。
⑩修正完善施工总布置并编写文字说明。

3. 现场布置总规划

这是施工现场布置中的最关键一步。应该着重解决施工现场布置中的重大原则问题,具体包括以下几点。

①施工场地是一岸布置还是两岸布置。

②施工场地是一个还是几个,如果有几个场地,哪一个是主要场地。

③施工场地怎样分区。

④临时建筑物和临时设施采取集中布置还是分散布置,哪些集中哪些分散。

⑤施工现场内交通线路的布置和场内外交通的衔接及高程的分布等。

2.4.2 施工分区布置

1. 施工分区原则

在进行各分区布置时,应满足主体工程施工的要求。对以混凝土建筑物为主体的工程枢纽,应该以混凝土系统为重点,即布置时以砂石料的生产,混凝土的拌和、运输线路和堆弃料场地为主,重要的施工辅助企业集中布置在所服务的主体工程施工工区附近,并妥善布置场内运输线路,使整个枢纽工程的施工形成最优工艺流程。对于其他设施的布置,则应围绕重点来进行,确保主体工程施工。

2. 施工分区布置需考虑的事项

施工分区布置需考虑的事项有:

①制冷厂主要任务是供应混凝土建筑物冷却用水、骨料预冷用水、混凝土搅拌用冷水和冰屑。冷水供应最好采用自流方式,输送距离不宜太远,以减少提水加压设备和冷耗。制冷厂的位置应布置在混凝土建筑物和混凝土系统附近的适当地方为宜。

②破碎筛分和砂石筛分系统,应布置在采石场、砂石料场附近,以减少废料运输。若料场分散或受地形条件限制,可将上述系统尽量靠近混凝土搅拌系统。

③钢筋加工厂、木材加工厂、混凝土预制构件厂,三厂统一管理时称综合厂。其位置可布置在第二线场地范围内,并具备运输成品和半成品上坝的运输条件。

④制氧厂具有爆炸的危险性,应布置在安全地区。

⑤供水系统。生产用水主要服务对象是砂石筛分系统、电厂、制冷厂、混凝土系统等,根据水源和取水条件、水质要求、供水范围和供水高程,合理布置。

⑥机械修配厂、汽车修配厂是为工地机械设备和汽车修配、加工零件服务的。它的服务面广,有笨重的机械运出运入,占地面积较大,以布置在第二线或后方为宜,且靠近工地交通干线。

⑦工地房屋建筑和维修系统,它是为全工地房屋建筑和维修服务的,应布置在第二线或后方生活区的适当地点。

⑧砂石堆场、钢筋仓库、木材堆场、水泥仓库等都是专为企业储备、供应材料的,储存数量大,并与企业生产工艺有不可分割的关系,因此,这类仓库和堆场必须靠近它所服务的企业。

3. 分区布置方式

根据工程特点、施工场地的地质、地形、交通条件、施工管理组织形式等,施工总布置一般除建筑材料开采区、转运站及特种材料仓库外,可分为分散式、集中式和混合式 3 种基本形式。

(1)分散式布置

分散式布置有两种情况。一种情况是枢纽建筑物布置分散,如引水式工程主体建筑物施工地段长达几公里甚至几十公里,因此常在枢纽首部、末端和引水建筑物中间地段设置主要施工分区,负责该地段的施工,此时应合理选择布置交通线路,妥善解决跨河桥渡位置等,尽量与其组成有机整体。我国鲁布革水利枢纽就是因为枢纽建筑物布置分散,而采用分散布置。另一种情况是枢纽永久建筑物集中布置在坝轴线附近,附属项目远离坝址,例如:坝址位于峡谷地区,地形狭窄,施工场地沿河的一岸或两岸冲沟延伸的工程,常把密切相关的主要项目靠近坝址布置,其他项目依次远离坝址布置。我国新安江水利枢纽就是因为地形狭窄而采取分散式布置的实例。

(2)集中式布置

集中式布置的基本条件是枢纽永久建筑物集中在坝轴线附近,坝址附近两岸场地开阔,可基本上满足施工总布置的需要,交通条件比较方便,可就近与铁路或公路连接。因此,集中布置又可分为一岸集中布置和两岸集中布置的方式,但其主要施工场地选择在对外交通线路引入的一岸。我国黄河龙羊峡水利枢纽是集中一岸式布置,而葛洲坝、青铜峡、丹江口等水利枢纽是集中两岸式布置的实例。

(3)混合式布置

混合式布置有较大的灵活性,能更好地利用现场地形和不同地段的场地条件,因地制宜选择内部施工区域划分。以各区的布置要求和工艺流程为主,协调内部各生产环节,就近安排职工生活区,使该区组成有机整体。黄河三门峡水利枢纽工程,就是因坝区地形特别狭窄,而采用混合式布置。把现场施工分区和辅助企业、仓库及居住区分开,施工临时设施,第一线布置在现场,第二线布置在远离现场17km的会兴镇后方基地,现场与基地间用准轨铁路专线和公路连接。此外,刘家峡、碧口等枢纽工程也是混合式布置的实例。

4. 分区布置顺序

在施工场地分区规划以后,进行各项临时设施的具体布置。包括:

①当对外交通采用标准轨铁路和水运时,首先确定车站、码头的位置,然后布置场内交通干线、辅助企业和生产系统,再沿线布置其他辅助企业、仓库等有关临时设施,最后布置风、水、电系

统及施工管理和生活福利设施。

②当对外交通采用公路时,应与场内交通连接成一个系统,再沿线布置辅助企业、仓库和各项临时设施。

2.4.3　场内运输方案

场内运输方案:一是选择运输方式;二是确定工地内交通路线。本着方便生活、有利生产、安全畅通的原则,场内交通的布置要正确选择运输方式,合理布置交通线路。

1. 运输方案的内容

运输方案的内容有:
①运输方式选择及其联运时的相互衔接,设备及其数量。
②选定运输方式的线路等级、标准及线路布置。
③运输量及运输强度计算,物料流向分析。
④与选定方式有关的设施及其规模。
⑤运输组织及运输能力复核。

2. 运输方案编制步骤

运输方案编制步骤如下:
①按运输方案的内容要求初拟几个运输方案。
②计算各方案的技术经济指标。
③对各方案进行综合比较后,选择最优方案。

3. 场外运输方式分类及其特点

场外交通运输方案的选择,主要取决于工程所在地区的交通条件、施工期的总运输量及运输强度、最大运件重量和尺寸等因素。中、小型水利工程一般情况下应优先采用公路运输方案,对于水运条件发达的地区,应考虑水运方案为主。而垂直运输方式和永久建筑施工场地布置、各生产系统内部运输组织等,一般由各专业施工组织设计考虑。

根据各种运输方式的特点,通常采用的水平运输方式为公路运输和铁路运输。

(1)公路运输

1)公路运输特点

公路线路布置无须宽阔平坦的地形,可以在地面纵、横坡大于30°的情况下布置线路;便于联系高差大、地形复杂的施工场地;爬坡能力高,容易进入施工现场。公路运输可以达到较高的运输量,随着车辆载重吨位的不断提高,其运输能力将不断增大。因此,公路运输方式具有方便、灵活、适应性强和运输量大的优点。

2)场内公路分类

①生产干线。各种物料运输的共同路线或运输量较大的路段。

②生产支线。各种物料供需单位与生产干线相连接的路段,多为单一物料的运输线路。

③临时线。料场、施工现场等内部运输路段。

④联络线。物料供需单位间的分隔路段或经常通行少量工程车辆和其他运输车辆的路段。

3)路面等级

路面等级按面层材料的组成、结构强度、路所能承担的交通任务和使用的品质划分为高级路面、次高级路面、中级路面和低级路面等级,见表2-3。

表2-3 路面等级及其面层类型

路面等级	面层类型	生产要求	适用条件	
			线路等级	线路类型
高级路面	水泥混凝土路面 沥青混凝土路面	行车密度大、载重大、防泥泞、防尘	一级、二级	生产干线 生产支线
次高级路面	沥青(油渣)黑色碎石路面 沥青(油渣)贯入式砾石路面 沥青(油渣)表面处理路面	行车密度大、载重大、防泥泞、防尘	一级、二级	生产干线 生产支线

路面等级	面层类型	生产要求	适用条件	
			线路等级	线路类型
中级路面	泥结碎石路面 级配砾(碎)石路面	行车密度大、载重大	二级、三级	联络线
低级路面	弃渣铺筑路面 改善土路面	经常通行履带式车辆、行车密度小	三级	临时线

4）场内公路等级

根据场内公路车辆密度或可达到的年运输量，可分为三级，见表 2-4。

表 2-4　场内公路等级

等级	单向行车密度（辆/h）	年运输量（万 t）	计算行车速度（km/h）
一级	＞85	1200	40
二级	25～85	250～1200	30
三级	＜25	＜250	20

5）公路超限标准条件

为保证公路运输可靠、安全、快速运行，场内公路一般按一定的等级和标准修建，但在下述情况下，允许在个别路段采用超限标准。

①工程艰巨路段，可以将双车道改为单车道或加大纵坡，减小平曲线半径，以减少工程量。

②仅在较小范围内使用，或在交通量很小的联络线上，可采用超限标准。如通往施工变电所的公路、上缆机平台的公路等。

③在高差大、范围小的路段，可以减小平曲线半径，加大纵坡，以求在限定范围内达到较大高差。如下基坑道路和土坝坝坡公路。

在采用超限标准时，最小水平曲线半径为 10～15m，干、支线上最大纵坡为 9%～12%。采用超限标准是以降低行车速度，增加行车困难,加大行车风险,减少装载量,降低车辆寿命,增加临时堵车为代价的,因此应经反复论证后才允许采用,并需采取适当的安全措施。一般在生产干线、支线上不宜采用超限标准。

（2）铁路运输

1）场内铁路分类

①生产干线。大宗外来物资、场内企业产品运输的共用线路,大量自采材料、工程弃料等运输的固定线路。

②生产支线。生产干线通往企业、仓储系统的固定线路。

③移动线。料场、弃渣场内经常迁移的线路。

④站场线。工地货场、车站内部的线路。

2）场内铁路等级及主要技术标准

①标准轨距1435线路,一般属限期使用铁路,不分等级,主要技术标准,见表2-5。

表2-5　场内标准轨距铁路纵断面、平面主要技术性能

指标名称	指标及说明	适用情况及影响因素
限制坡度（‰）	蒸汽牵引不大于20,困难情况下不大于25,电力内燃机牵引不大于30	生产干线、支线。根据行车量、作业性质、行车组织方式、机车类型确定
最小坡长（m）	运行车列一半,困难情况下按调车方式运行不小于50,且必须保证竖曲线不重叠	生产干线、支线
竖曲线半径（m）	纵坡度代数差大于5‰设置不小于3000	
最小平曲线半径（m）	一般不小于200,困难情况下不小于180。场地狭窄,专为小型机车使用,固定轴距小于4600mm时,不小于150,固定轴距小于3500mm时,不小于200	生产干线、支线。根据行车量、速度、机型、自然条件确定移动线
两相邻平曲线间最小直线长度（m）	一般不小于40,困难情况下不小于20不小于0	生产干线、支线移动线

指标名称		指标及说明	适用情况及影响因素
线路连接		可设在保证起动的纵坡上(无调车作业)	装卸线或移动线与生产干线、支线连接处
场内站线	到发线	保证列车起动条件下,纵坡大于 3‰	不办理调车及摘挂作业
	三角线	纵坡不大于 20‰	
	纵坡长度	一般为运行列车一半,且不小于 50m,满足竖曲线布置	无大量调车作业
	平曲线半径	不小于 400m,配线仅 2～3 股时,不小于 300m	
	牵引线半径	不小于 300m,仅供列车转线时,不小于 200m	
货物装卸线	纵坡度	一般无坡度,困难时不大于 2.5‰	
	平曲线半径	一般直线段,困难时不小于 500m,特殊情况下不小于 200m	

②窄轨铁路根据单线重车方向量年运输量,分为三级,见表 2-6。

表 2-6　场内窄轨铁路等级

线路等级	单线重车方向年运输量(万 t)		
	600mm 轨距	762mm 轨距	900mm 轨距
一级	—	150～200	＞250
二级	30～50	50～150	150～250
三级	＜30	＜50	＜50

(3)其他运输

其他运输包括水路、胶带机或架空索道等运输方式。

1)水路运输

与其他运输方式相比,水运成本较低,可靠性差。同时,由于水运需要有较好的通航条件和河岸条件、较大规模的码头、仓库,并受截流工程和拦洪蓄水等影响,使水路运输有明显的局限性,一般不作为场内运输的主要方式。尤其是山区河流,由于水流湍急、水位落差大,河道内礁石多,危险性大,不宜采用水路运输。

2)架空索道运输

不受地形和宽阔障碍物的影响,爬坡能力大(可达35°),占地少,工程量小,建设速度快。适宜于装卸地点固定的松散物料或单件重量较小的机具、器具的运输。运输量单线可达150t/h,双线100～250t/h。但初期投资大,设备维修困难,运输可靠性差,一般只作为辅助运输方式。根据维修和管理的需要,一般在沿线要修一条简易公路。

3)胶带机运输

占地面积小,线路布置容易,灵活可靠,适宜于上坡不大于25°、下坡不大于0°的松散材料的短途运输,运距一般为几十米至几百米,有时可达上千米。运输效率视型号、胶带宽度、胶带机作为辅助运输方式,运送土、石料填筑土石坝体,运输砂砾石料、骨料及混凝土料等。

4. 场内运输方式选择

在选择主要运输方式时,要重点考虑以下两点:

①场内外运输方式尽可能一致,场内运输尽量接近施工和用料地点,减少转运次数,使运输和管理方便。

②选定的运输方式除应满足运输量之外,还必须满足运输强度和施工工艺的要求。

5. 场内交通线路布置

(1)公路线路布置

1)确定线路走向

①将运输量大、流向基本一致的供需单位和必经、必绕的控制点,按工艺布置的首尾顺序和物料流向用一条或几条线路联系起来,组成不同的干、支线布置方案。

②在画有分区布置的地形图上,标明两岸联系的桥渡位置、

地形、地物、地质上的控制点,如垭口、滑塌区、对外交通线进入场区位置等。

③用支线、联络线将其他各供需单位与上述干、支线相联系。

2)图上定线

①根据线路走向和等级标准,用一定的平均坡度先在地形图上定线。

②按路段量出图上线路长度,切纵剖面作纵剖面设计,切典型横剖面,计算工程量。

③确定大、中、小桥及涵洞工程量。

3)线路测量设计

①公路线路经实地测量设计最后定线。

②实地测定线路各转角点的坐标值,将线路画到分区布置图上。

(2)铁路线路布置

铁路的平面、纵剖面要求高,在施工场地总平面布置时,一般先考虑铁路线路的技术要求留有余地,并在线路布置和设站的同时,调整并修正施工场地的分区布置。

1)场内铁路布置方式

根据地形条件,场内铁路布置方式基本有 4 种。

①单、复线直通式布置。适用于场地狭窄的工程。土石坝的土、石料运输,混凝土原材料的砂、石骨料运输,拌制混凝土料上坝的运输等。在运输量不大时,采用单线。若运距较远,可在适当位置设避让站,以提高运输能力,必要时可布置复线。

②弧形式布置。适用于场地开阔、运输量大的工程。能组织流水作业,高度简单,车站咽喉处无对流交叉,但超越行驶距离大。

③通过式布置。适用于场地面积大、运输量大的工程。

④尽头式布置。适用于场地面积较小、运输量小的工程。布置较简单,能连接具有一定高差的场地。

2）场内铁路线路布置原则

①根据场地的特点和分区布置的设想方案,决定布置方式。

②在地形图上研究线路的具体布置方案,必要时进行草测。提出方案比较时所需要的工程量。

③确定各线路拟达到的主要供需单位。

④按地形及分区布置顺序,决定线路走向。

⑤根据工地地形、地貌、地质上必须或必绕的制约点布置。

⑥实地测量设计定线。

（3）两岸交通桥渡位置选择

跨河桥渡位置是场内交通线路的重要控制点,在施工中起着重要的保证作用,因此,应重点研究,妥善处理。

1）建桥位置选择

①服从生产干线的总方向,并满足线路的一般要求。

②两岸有较好的岩层条件,避开溶洞、滑塌等不良的地质、水文地质地段。

③桥位选在河道顺直、水流稳定、河槽较窄的河段上;轴线尽量垂直高水位主流方向,避开支流汇合处及回流、浅滩等水流不稳定的河段。

④考虑施工方便,两岸联系快捷,距离施工区既近又满足安全要求,并避免干扰。根据实践经验,桥址选在坝轴线下游1～2km为宜。

⑤考虑主河流及较大支流在施工导流、泄洪等不同水力条件下河道的变化,把桥位选在其影响范围以外,或采取相应措施下,不阻碍水流、不抬高尾水位为宜。

⑥满足通航要求。桥位选择要与桥型选择相结合。

2）渡口位置选择

①在满足两岸运输强度的条件下,可选择渡口形式作为临时或永久的两岸联系方式。

②河道流速一般为1～3m/s的河段。

③山涧河谷水位骤涨骤落幅度较大,低水位水深不能过渡的

河段,没有合适地形以修建不同水位码头的河段,都不宜作为渡口位置。

6. 场内运输方案比较内容

运输方案的比较主要从以下几方面进行:

①主要建设工程量。

②运输线路的技术条件。

③主要建筑材料需用量。

④主要设备数量及其来源情况。

⑤能源消耗量。

⑥占地面积。

⑦建设时间。

⑧运输安全可靠性,工人劳动条件。

⑨直接及辅助生产工人数、全员数。

⑩与生产或施工艺衔接、对施工进度保证情况。

⑪建设费用和运营费用。

⑫其他项目。

其中,在对第⑪项进行对比时,通常优选建设费用和运营费用之和最小的方案。其工作内容包括:

①计算主要工程项目的建筑工程量。

②计算运输工程量。

③计算主要交通设备的购置量。

④确定建筑工程费用单价、运营费用单价和装卸费用单价。

⑤计算各方案总费用,进行比较。

2.4.4　施工辅助企业及辅助设施布置

1. 施工辅助企业

水利水电工程施工的辅助企业主要包括:砂石采料厂、混凝土生产系统、综合加工厂(混凝土预制构件厂、钢筋加工厂、木材加工厂等)机械修配厂、工地供风、供水系统等。其布置的任务是根据工程特点、规模及施工条件,提出所需的辅助企业项目、任务和生产规模及内部组成,选定厂址,确定辅助企业的占地面积和建筑面积,并进行合理的布置,使工程施工能顺利的进行。

几种施工辅助企业的面积指标见 2-7。

表 2-7　几种施工辅助企业的面积指标

木材加工厂			
生产规模(m³/班)	20	30	50	80
建筑面积(m²)	372	484	1031	1626
占地面积(m²)	5000	7390	12200	19500
钢筋加工厂			
生产规模(t/班)	5	10	25	50
建筑面积(m²)	178	224	736	1900
占地面积(m²)	800	1200	4100	111200
混凝土构件预制厂(露天式)			
生产规模(m³/a)	5000	10000	20000	30000
建筑面积(m²)	200	320	620	800
占地面积(m²)	6200	10000	18000	22000
机械修配厂			
生产规模(机床台数)	10	20	40	60
锻造能力(t/a)	60	120	250	350
铸造能力(t/a)	70	150	350	500
建筑面积(m²)	545	1040	2018	2917
占地面积(m²)	1800	3470	6720	9750

本节着重介绍工地供风系统和供水系统。

(1)工地供风系统

工地供风主要供石方开挖、混凝土、水泥输送、灌浆等施工作业所需的压缩空气。一般采用的方式是集中供风和分散供风,压缩空气主要由固定式的空气压缩机站或移动的空压机来供应。

一个供风系统主要由空压机站和供风管道组成,空压机站的供风量,Q_f 可以按照下式计算:

$$Q_f = k_1 k_2 k_3 \sum nq k_4 k_5$$

式中,Q_f 为供风需要量,m^3/min;k_1 为由于空气压缩机效率降低及未预计到的少量用气所采用的系数,取 $1.05\sim1.10$;k_2 为管网漏气系数,一般取 $1.10\sim1.30$,管网长或铺设质量差时取大值;k_3 为高原修正系数,按表 2-8 选取;k_4 为各类风动机械同时工作系数,按表 2-9 选取;k_5 为风动机械磨损修正系数,按有关规定选取;n 为同时工作的同类型风动机械台数;q 为每台风动机械用气量,m^3/min,一般采用风动机械定额气量。

表 2-8　高原修正系数

海拔高程(m)	0	305	610	914	1219	1524	1829	2134	2433	2743	3049	3653	4572
高原修正系数	1.00	1.03	1.07	1.10	1.14	1.17	1.20	1.23	1.26	1.29	1.32	1.37	1.43

表 2-9　凿岩机同时工作系数

同时工作凿岩机台数	1	2	3	4	5	6	7	8	9	10	11	12	20	30
k_4	1	0.9	0.9	0.85	0.82	0.8	0.78	0.75	0.73	0.71	0.68	0.61	0.59	0.50

(2)工地供水系统

工地供水系统主要由取水工程、净水工程和输配水工程等组成,在进行供水系统设计时,首先应考虑需水地点和需水量,水质要求,再选择水源,最后进行取水、净水建筑物和输水管网的设计等。

1)生产用水量

生产用水包括进行土石方工程、混凝土工程、灌浆工程施工所需的用水量,以及施工企业和动力设备等消耗的水量,计算方法:

$$Q_i = k_1 k_3 \sum (n_1 q_1)/(8 \times 3600)$$

式中,Q_i 为施工、机械及辅助企业生产水量,L/s;k_1 为生产用水不均衡系数,参考表 2-10 选用;k_3 为未计及的用水系数,取 1.2;n_1 为某类机械同时工作生产能力;q_1 为单位用水定额,参照表 2-11 选用。

表 2-10　用水不均衡系数

项目	类别	不均衡系数	项目	类别	不均衡系数
施工、生产用水	工程施工用水	1.50	生活用水	施工机械运输机具用水	2.00
	现场生活用水	1.30～1.50			
	施工生产企业生产用水	1.25		居住区生活用水	2.00～2.50
	动力设备用水	1.05～1.10			

表 2-11　施工生产用水定额

用水户类别	单位	用水量定额	备注
机械化土方施工	L/100m³	350～400	不包括机械清洗压气站用水
机械化石方施工	L/100m³	3500～4500	
填筑砾石土	L/m³	50	包括填筑碾压洒水等
填筑土	L/m³	20	包括填筑碾压洒水等
填筑砂砾石	L/m³	380	包括填筑碾压洒水等
内燃发电机组	L/(Hp·m³)	15～40	
混凝土预制构件厂浇水养护	L/m³	300～400	
混凝土预制构件厂蒸汽养护	L/m³	500～700	
机械加工件	L/t	1000～5000	
拌石灰浆	L/m³	1000～1200	
拌石灰砂浆	L/m³	600～1000	
拌水泥浆	L/m³	200～300	
内燃挖掘机	L/(m³·台班)	200～300	以斗容 m³ 计
内燃起重机	L/(t·台班)	15～18	以起重量 t 计
拖拉机推土机	L/(台·昼夜)	300～600	

用水户类别	单位	用水量定额	备注
内燃压路机	L/(t·台班)	12～15	以机重 t 计
凿岩机	L/(min 台)	3～8	01～30 型、01～33 型
轻型汽车	L/(辆·昼夜)	300～400	
砖砌体	L/100 块	200～300	
毛石砌体	L/m³	50～80	
抹灰	L/m³	30	
预制件养护	L/(s·处)	5～10	自制预制件

2）生活用水量

生活用水量主要是指生活区和现场生活用水。它的计算公式是：

$$Q_2 = k_2 k_4 n_3 q_3 / (24 \times 3600) + k_2' k_4 n_3' q_3' / (8 \times 3600)$$

式中，Q_2 为生活用水量，L/s；k_2 为居住区生活用水不均衡系数，见表 2-10；k_4 为未计及的用水系数，取 1.1；n_3 为施工高峰工地居住最多人数（包括固定、流动性职工及家属）；q_3 为每人每天生活用水量定额，参照表 2-12 选取；k_2' 为现场生活不均衡系数，见表 2-10；n_3' 为在同一班内现场和施工企业内工作的最多人数；q_3' 为每人每班在现场生活用水量定额，见表 2-12。

表 2-12 生活用水量定额

用水项目	单位	用水量定额	用水项目	单位	用水量定额
生活用水	L/(人·天)	100～200	现场生活	L/(人·班)	10～20
食堂	L/(人·天)	15～20	现场淋浴	L/(人·班)	25～30
浴室	L/(人·次)	50～60	现场道路洒水	L/(人·班)	10～15
道路绿化洒水	L/(人·天)	20～30			

3）消防用水量

消防用水包括施工现场消防用水和居住区的消防用水，施工现场的消防用水量与工地范围有关,而居住区的消防用水量由居住区人数来确定,具体消防用水量可查表 2-13 选取。

表 2-13　消防用水定额

用水项目	按火灾同时发生次数计（次）	耗水量（t）	用水项目	按火灾同时发生次数计（次）	耗水量（t）
居住区消防用水	—	—	施工现场消防用水	—	—
5000 人以上	1	10	现场面积在 25km² 以内	2	10～15
10000 人以上	2	10～15	每增加 25km² 递增	—	5
25000 人以上	2	15～20			

4）工地的总需水量

工地现场的总需水量应满足不同时期高峰生产用水和生活用水的需要,并按消防用水量进行校核,其计算可按以下两式进行。

$$Q_0 = Q_1 + Q_2$$
$$Q_0 = 1/2(Q_1 + Q_2) + Q_3$$

式中,Q_0 为工地的总量需水量,L/s;Q_3 为消防用水量,L/s。

总需水量 Q_0 选取上两式计算结果的最大值,并考虑不可避免的管网漏水损失,应将总需水 Q_3 增加 10%。

供水系统的水源一般根据实际情况确定,但生产、生活用水必须考虑水质的要求,尤其是饮用水源,应尽量取地下水为宜。

布置用水系统时,应充分考虑工地范围的大小,可布置成一个或几个供水系统。供水管道一般用树枝状布置,水管的材料根据管内压力大小分为铸铁和钢管两种。

2. 主要任务

施工辅助企业及其他设施布置的任务是:根据工程特点、工程规模以及施工条件,确定辅助企业及其他设施的设置项目;根据施工总进度和拟定的施工方法估算生产规模,估算建筑面积和占地面积,确定其平面布置位置。

3. 辅助企业项目

大、中型水利水电工程的施工辅助企业一般设置的项目有:

①混凝土拌和系统。

②砂、石料开采加工系统。

③综合加工厂(包括混凝土预制构件厂、钢筋加工厂、木工加工厂)。

④制氧石、修钎厂、轮胎翻修车间。

⑤机械修配厂。

⑥压缩空气系统。

⑦汽车修配厂及汽车保养系统。

⑧机电设备及金属结构安装场地。

⑨制冷、供热系统。

⑩施工给水系统。

⑪施工供电系统。

⑫施工通信系统。

4. 辅助设施项目

施工辅助设施一般设置的项目有:

①消防站。

②工地实验室。

③水文气象站。

④工地值班室。

⑤其他生产设施。

5. 规划布置步骤

规划布置的步骤是:

①辅助企业项目设置确定后,应初步考虑其内部组成及相互

关系。

②根据工程量及施工总进度计划,估算生产规模、建筑面积与占地面积。

③根据施工场地分区布置规划、地形、地质条件及供水供电情况,按分区布置工作顺序研究各主要辅助企业的各种可能布置位置。

④根据物流方向、运输线路及运输工作量等,初步比选主要辅助企业的布置位置。

⑤考虑其他辅助企业及设施与主要辅助企业的关系,初步选定布置位置。

⑥根据辅助企业设计成果对估算的建筑面积、占地面积进行必要的修正,并将其最终的布置位置,绘制在施工总布置图上。

6. 计算建筑面积及占地面积

建筑面积及占地面积是本部分内容的主要工作,因此在这里加以详细介绍。

(1)估算方法

施工辅助企业及设施的建筑面积及占地面积的估算,基本上有 3 种方法:

①按综合指标估算。

②按工程规模或生产规模参考已建工程类比估算。

③根据施工强度及设备选型、工艺布置分项计算。

总布置在可行性研究报告阶段、初步设计一般按前两种方法估算,而且,施工组织总设计一般是在初步设计阶段中完成。投标设计、施工图设计中的标前施工组织设计和标后施工组织设计,一般是采用第三种方法修正。本节只介绍前两种估算方法。

(2)混凝土拌和系统

初步估算时,单个系统建筑面 F 和占地面 A 取上限值,在一般情况下可按下式计算：

$$F \leqslant 270 + 1400 Q_{混}^{0.2} \ (\text{m}^2)$$

$$A \leqslant 1800 Q_{混}^{0.6} \ (\text{m}^2)$$

式中，$Q_{混}$ 为主体工程混凝土高峰月浇筑强度，万 $\text{m}^3/$月。

（3）砂、石加工系统

按生产规模估算建筑面积、占地面积。

①估算生产规模。

$$Q_{石} = \frac{K f Q_{混}}{\eta}$$

式中，$Q_{石}$为筛分系统加工能力，万 $\text{t}/$月；$Q_{混}$为混凝土浇筑高峰月强度，万 $\text{m}^3/$月；f 为每 m^3 混凝土中砂、石含量，$2.1 \sim 2.2 \text{t}/\text{m}^3$；$K$ 为生产不均衡系数，$1.1 \sim 1.25$；f 为加工成品率，$0.65 \sim 0.75$。

②估算建筑面积、占地面积。

$$F \leqslant 600 Q_{石}^{0.4}$$

$$A \approx 4200 Q_{石}^{0.4}$$

式中，F 为加工系统建筑面积，m^2；A 为加工系统占地面积，m^2；$Q_{石}$为砂、石加工系统的月加工能力，万 $\text{t}/$月。

（4）混凝土预制厂

水利水电工程混凝土预制厂属临时性企业，机械化程度低、产品型号多，常需较大的建筑面积和占地面积，初步估算时，可按下列各式：

$$F = (25 \sim 40) Q'_{预}$$

$$A = (850 \sim 950) Q''_{预}$$

式中，$Q'_{预}$为混凝土预制构件日产量，$\text{m}^3/$日；$Q''_{预}$为混凝土预制构件班产量，$\text{m}^3/$班。

也可按混凝土高峰月强度 $Q_{混}$ 计算建筑面积和占地面积。

当 $Q_{混} > 40000 \text{m}^3/$月时，

露天养护 $F \leqslant 120 Q_{混} \ (\text{m}^2)$

蒸汽养护 $F \leqslant 1500 + 120 Q_{混} \ (\text{m}^2)$

占地面积 $A \leqslant 2680 Q_{混} \ (\text{m}^2)$

当生产定型混凝土预制构件时,机械化程度高,可参考表 2-14 拟定建筑面积和占地面积。

表 2-14 混凝土预制构件厂占地总面积参考表

生产规模(m³/年)		5000	10000	15000	20000	25000	30000
建筑面积 (m²)	蒸汽养护	850	1600	2300	3000	3500	4000
	露天预制	200	320	460	620	720	800
场地面积 (m²)	蒸汽养护	2550	4900	7200	9000	11500	14000
	露天预制	6000	9680	14540	17380	19280	21200
占地总面积 (m²)	蒸汽养护	3400	6500	9500	12000	15000	18000
	露天预制	6200	10000	15000	8000	20000	22000

（5）机械修配厂

①混凝土坝中心修配厂。

$$F \leqslant 340V^{0.5} (\text{m}^2)$$

$$\begin{cases} A \approx 60V (\text{m}^2)（当 V \leqslant 1500 \text{ 万 m}^3 \text{ 时}) \\ A \approx 72450 + 11.7V (\text{m}^2)（当 V > 1500 \text{ 万 m}^3 \text{ 时}) \end{cases}$$

式中,V 为主体工程混凝土工程量总和,万 m³。

②土石坝中心修配厂。

$$F \leqslant 165V^{0.5} (\text{m}^2)$$

$$A \approx 11V (\text{m}^2)$$

式中,V 为主体工程土石方量,万 m³。

（6）钢筋加工厂

初步估算时可按下式估算建筑面积和占地面积。

$$F \leqslant 113Q_{\text{钢}}^{0.8} (\text{m}^2)$$

$$A \leqslant 658Q_{\text{钢}}^{0.8} (\text{m}^2)$$

式中,$Q_{\text{钢}}$ 为钢筋加工班生产量,t/班。

（7）汽车修理厂和汽车保修站

①如能确定汽车年运输工作量总和 Q,可按下列公式估算修理厂的建筑面积和占地面积。

$$F \approx 1.5Q (\text{m}^2)$$

$$A \approx 4.5Q (\text{m}^2)$$

②汽车保修站的建筑面积和占地面积估算。

$$F \approx 0.75Q (\text{m}^2)$$
$$A \approx 0.3Q (\text{m}^2)$$

（8）压缩空气系统

初步估算建筑面积和占地面积时，可按下列公式进行：

$$Q_风 = K_1 K_2 V^n$$
$$F \approx 1.8Q_风 (\text{m}^2)$$
$$A \approx 4.3Q_风 (\text{m}^2)$$

式中，$Q_风$ 为供风容量，包括各种风动工具用风量、管路损失、重复建设、其他用风、备用等，m^3/min；V 为石方开挖高峰月强度，万 $\text{m}^3/$月；n 为指数，$n=0.9\sim0.95$，初估时可取 $n=1$；K_1 为系数，与岩石等级有关，可查表2-15；K_2 为与海拔有关的系数，可查表2-16。

表2-15　系数 K_1 值

岩石等级	V～Ⅵ	Ⅶ	Ⅷ	Ⅸ	Ⅹ	Ⅺ	Ⅻ	ⅩⅢ	ⅩⅣ	ⅩⅤ
K_1	18	22	28	32	44	54	66	84	104	136

表2-16　系数 K_2 值

海拔(m)	<1500	1500～2000	2000～2500	2500～3000	3000～3500	3500～4000
K_2	1.00	1.25	1.41	1.58	1.77	1.94

（9）供电系统

1）估算施工电源容量

①根据用电设备总功率估算。

$$P \approx (0.6\sim0.7)\overline{W}$$

式中，P 为施工电源总容量，kVA；$\overline{W}$ 为各种用电机械设备总功率，kW。

②根据混凝土浇筑高峰月强度估算。

$$P \approx 2700Q_混$$

式中，$Q_混$ 为月浇筑强度，万 m³/月。

2）估算供电系统的建筑面积和占地面积

$$F \approx 0.05P(\text{m}^2)$$

$$A \approx 0.50P(\text{m}^2)$$

式中，P 为施工电源总容量，kVA。

（10）供水系统

1）供水系统生产规模估算

根据高峰月施工强度估算供水系统生产规模。

①对于混凝土坝。

$$q = 1122KQ_混^{0.5}$$

式中，q 为施工供水系统生产规模，m³/h；$Q_混$ 为混凝土浇筑高峰月施工强度，万 m³/月；K 为系数，寒冷及炎热地区 $K=1.5$，温和地区 $K=1.0$。

②对于土石坝。

$$q = Q_土^{0.5}$$

式中，$Q_土$ 为土石坝填筑高峰月施工强度，万 m³/月；q 为施工供水系统生产规模，m³/h。

2）供水系统建筑面积和占地面积估算

$$F \approx 0.45q(\text{m}^2)$$

当 $q > 5000\text{m}^3/\text{h}$ 时，F 和 A 估算可按下列公式：

$$F \approx 800 + 0.29q(\text{m}^2)$$

$$A \approx 75q^{0.6}(\text{m}^2)$$

式中符号意义同前。

（11）其他临时设施

根据施工特点和施工条件，对其他临时设施，可据实选列项目并增列其建筑面积和占地面积。

2.4.5 施工仓库系统和转运站布置

1. 基本任务

仓库系统设计的基本任务是：实行科学管理，确保物资、器材安全完好,并及时准确地把物资器材供应给使用单位。同时,要求以最少的仓储费用取得最好的经济效果。仓库系统设计中应解决以下的问题:

①选定仓库位置和布置方案。

②确定各种材料在仓库中的储备数量。

③确定各种类仓库面积和结构形式。

④选定仓库的装卸设备和仓库建设所需要材料的数量等。

2. 布置原则

仓库系统的布置原则:

①仓库系统的布置,应符合国家有关安全防火等级规定。

②大宗建筑材料应直接运往使用地点堆放,以减少施工现场的二次搬运。

③仓库系统应布置一定数量的起重装卸设备,以减轻工人的劳动强度。

④应有良好的效能运输条件,以利器材、设备的进库、出库。

⑤易燃、易爆材料仓库应布置在远离其他建筑物的下风处,并应满足防火间距的要求。

⑥服务对象单一的仓库,可靠近所服务的企业或施工地点;服务于较多的企业和工程的中心仓库,可布置在对外交通线路进入施工区的入口附近。

3. 施工仓库分类

(1)按功能划分

1)基地仓库(又叫中心仓库)

它储存的是整个工地统一调配使用的物料和一些运入工地后较长时间才开始使用的物料,目的是集中保管。

2)现场仓库

此种仓库设在施工现场,为一个建筑物或一部分工程服务,用以储存零星器材和工具。

3）工区仓库

此种仓库只储存一个工区所需要的物资和器材。

4）施工辅助企业仓库

只储存本企业用的材料及生产的成品或半成品。这种仓库是企业生产工艺要求所需的,是企业的组成部分。

5）转运仓库

外来物资、器材、设备在运抵工地前运输方式发生变化,设置转运站,负责装卸、临时保管和转运工作。当距工地较远时,应按独立系统设置仓库。

6）专业仓库

只储存一种材料或特殊材料,如水泥、油料、炸药等。

（2）按仓库结构形式划分

1）露天式

储存一些量大、笨重和与气候无关的物资、器材,如砂、石骨料、砖、木料、煤炭等。

2）通用封闭式

这种仓库有顶有墙,可分为保温和无保温两种。内部可设货架。主要储存不能采用露天式和棚式存储的较主要物资。

3）棚式

这种仓库有顶无墙,能防日晒、雨淋、但不能挡风沙。主要储存钢筋、钢材、某些机械设备等。还有因体积大、重量大不能入库的大型设备,可采取就地搭棚保管。为防止火灾,房顶不能用茅草、油毡等易燃物搭建。棚顶高度应不低于 4.5m,以便搬运和通风。

（3）按储存物料性质划分

按储存物料的性质施工仓库可分为水泥仓库、钢材仓库（场）、木材仓库（场）、配件仓库、设备仓库、电料仪表仓库、化工材料仓库、油库、五金仓库、劳保用品仓库、炸药库和施工机械存放场等。

4. 各种仓库规模计算

（1）各种材料储存量计算

仓库规模决定于施工中各种材料储存量。储存量计算应根据施工条件、供应条件和运输条件确定。如依靠水运的材料要需考虑洪、枯水和严寒季节中影响运输的问题，储量可以加大些；施工和生产受季节影响的材料，必须考虑施工和生产的中断因素；还要考虑供应制度中有的材料要求一次储备的情况，见表 2-17。其计算公式如下：

$$q = \frac{Q}{n}tk$$

式中，q 为材料储存量，t 或 m³；Q 为高峰年材料总需要量，t 或 m³；n 为年工作天数；k 为不均匀系数，可取 1.2～1.5；t 为材料储备天数，见表 2-17。

表 2-17　材料储备天数参考表

序号	材料名称	储备天数(d)	备注
1	钢筋、钢材	120～180	
2	设备配件	180～270	根据配件多少还要乘以 0.5～1.0 修正系数
3	水泥	4～15	
4	炸药、雷管	60～90	
5	油料	30～40	
6	木材	30～90	水运至工地打捞储放的，可按下一年用量储备
7	五金材料	20～30	
8	沥青、玻璃、油毡	20～30	
9	电石、油漆、化工	20～30	
10	煤炭	30～90	
11	电线、电缆	40～50	
12	钢丝绳	40～50	

序号	材料名称	储备天数(d)	备注
13	地方房建材料	10～20	
14	砂石膏料成品	10～20	
15	混凝土预制品	10～15	
16	劳保生活用品	30～40	
17	土产杂品	30～40	

（2）材料、器材仓库面积计算

$$W = \frac{q}{P_1 k}$$

式中，W 为材料、器材仓库面积，m^2；q 为材料储存量，t 或 m^3；k 为仓库面积利用系数，可按表 2-18 和表 2-19 选用；P_1 为每 m^2 有效面积的材料存放量 t 或 m^3，可按表 2-20 选用。

表 2-18　仓库面积利用系数表

仓库形式	k	仓库形式	k
有货架的通用密闭仓库，排架间人行道宽 1.0m，主要过道宽 2.5～3.0m	0.35～0.4	砂、石骨料堆场工作服及劳保用品	0.6～0.7
储存散装水泥的封闭式水泥罐	0.8～0.85	电气材料及电器设备	0.3～0.35
水泥仓库	0.4～0.6	箱装堆放的物资、器材	0.5～0.6
木材露天堆场	0.4～0.5	金属露天仓库	0.5～0.6

表 2-19　混凝土预制件堆放参考指标

构件名称	堆置高度(m)	通道系数	堆置定额(m^3/m^2)	构件名称	堆置高度(m)	通道系数	堆置定额(m^3/m^2)
薄板	5	1.6	0.23	大型梁类	1～3	1.5	0.28
空心板	6	1.6	0.4	小型梁类	6	1.5	0.8
槽形板	5～6	1.5	0.5～0.6	其他构件	5	1.5	0.8

表 2-20　每平方米有效面积材料储存量及仓库面积利用系数

材料名称	单位	保管方法	堆高（m）	每平方米面积堆置数量 P_1	储存方法	仓库面积利用系数	备注
水泥	t	堆垛	1.5～1.6	1.3～1.5	仓库、料棚	0.45～0.6	袋装
水泥	t	料仓	2～3	2.5～4	封闭搅拌料仓	0.7	散装
水泥	t	堆	6～10	7～12	封闭储料仓	0.8～0.85	散装
圆钢	t	堆垛	1.2	3.1～4.2	料棚、露天	0.66	
方钢	t	堆垛	1.2	3.2～4.3	料棚、露天	0.45	
扁、角钢	t	堆垛	1.2	2.1～2.9	料棚、露天	0.68	
工、槽钢	t	堆垛	0.5	1.3～1.6	料棚、露天	0.32～0.54	
钢板	t	堆垛	1	4	料棚、露天	0.57	
钢管	t	堆垛	1.2	0.8	料棚、露天	0.11	
铸铁管	t	堆垛	1.2	0.9～1.3	露天	0.38	
铜线	t	料架	2.2	1.3	仓库	0.11	
铝线	t	料架	2.2	0.4	仓库	0.11	
电线	t	料架	2.2	0.9	仓库、料架	0.35～0.4	
电缆	t	堆垛	1.4	0.4	仓库、料架	0.35～0.4	
盘条	t	叠放	1	1.3～1.5	棚式	0.5	
钉、螺栓、铆钉	t	堆垛	2	2.5～3.5	仓库	0.6	
炸药	t	堆垛	1.5	0.66	仓库、料架	0.35～0.4	
电石	t	堆垛	1.2	0.9	仓库	0.35～0.4	
油脂	t	堆垛	1.2～1.8	0.45～0.8	仓库	0.45～0.5	
玻璃	箱	堆垛	0.8～1.5	6～10	仓库	0.45～0.6	
油毡	卷	堆垛	1～1.5	15～22	仓库	0.34～0.45	
石油沥青	t	堆垛	2	2.2	棚料	0.5～0.6	
胶合板	张	堆垛	1.5	200～300	仓库	0.5	
石灰	t	堆垛	1.5	0.85	料棚	0.55	
五金	t	叠架堆垛	2.2	1.5～2	仓库、料架	0.35～0.5	

续表

材料名称	单位	保管方法	堆高(m)	每平方米面积堆置数量 P_1	储存方法	仓库面积利用系数	备注
水暖零件	t	堆垛	1.4	1.3	仓库、料架	0.15	
原木	m^3	叠放	2～3	1.3～2	仓库、料架	0.4～0.5	
锯材	m^3	叠放	2～3	1.2～1.8	仓库、料架	0.4～0.5	
混凝土管	m^3	叠放	1.5	0.3～0.4	仓库、料架	0.3～0.4	
卵石、砂、碎石	m^3	堆放	5～6	3～4	仓库、料架	0.6～0.7	机械化
卵石、砂、碎石	m^3	堆放	1.5～2.5	1.5～2	仓库、料架	0.6～0.7	非机械化
毛石	m^3	堆放	1.2	1	仓库、料架	0.6～0.7	
砖	m^3	堆放	1.5	700	仓库、料架		
煤炭	t	堆放	2.5	2	露天	0.6～0.7	
劳保用品	套	叠放		100	料架	0.3～0.35	

（3）施工设备仓库面积计算

$$W = na\frac{1}{k}$$

式中，W 为施工设备仓库面积，m^2；n 为储存施工设备台数；a 为每台设备占地面积，m^2，按表 2-21 选用；k 为面积利用系数，库内有行车时，$k=0.3$；库内无行车时，$k=0.17$。

表 2-21 施工机械停放场所需面积参考指标

施工机械名称	停放场地面积（m^2/台）	存放方式
一、起重、土石方机械		
1. 塔式起重机	200～300	露天
2. 履带式起重机	100～125	露天
3. 履带式正铲或反铲、拖式铲运机、轮胎式起重机	75～100	露天
4. 推土机、拖拉机、压路机	25～35	露天

续表

施工机械名称	停放场地面积 （m²/台）	存放方式
5. 汽车式起重机	20～30	露天或室内
6. 门式起重机（10t、60t）	300～400	解体露天及室内
7. 缆式起重机（10t、20t）	400～500	解体露天及室内
二、运输机械类		
8. 汽车（室内）	20～30	一般情况下室内不小于10％
汽车（室外）	40～60	
9. 平板拖车	100～150	
三、其他机械类		
10. 搅拌机、卷扬机、电焊机、电动机、水泵、空压机、油泵等	4～6	一般情况下室内占30％，室外占70％

（4）永久机电设备仓库面积

水轮发电机组零、部件保管分类见表 2-22，机组设备保管仓库面积，可按表 2-23 计算。

表 2-22　水轮发电机组零、部件保管分类

保管方式	设备名称	说明
露天堆场	尾水管里衬、转轮室里衬、蜗壳、座环、基础环、底环、顶盖、调整环、支持盖、导轴承支架、发电机上下机架、转子中心体、轮毂、轮臂、发电机上下支架、盖板、推力轴承支架、励磁机架	1. 当推力头与镜板全为一体制造时，推力头应进保温仓库 2. 在起重条件允许下，发电机定子瓣，应封闭仓库或保温仓库
敞棚仓库	水轮机大轴、发电机大轴、导水叶、水涡轮、推力头、发电机转子铁心、空气冷却器、压油箱、接力器发电机定子瓣、漏油箱、导水叶套筒	

续表

保管方式	设备名称	说明
封闭仓库	主轴密封、油冷却器、油压装置集油槽、定子线棒、汇流排、磁极、机组各部连接螺栓、销钉、键、励磁机、永磁机、发电机制动器	在必要时,定子线棒及转子磁极可进保温仓库
保温仓库	各种电阻、信号温度计、转速信号机、水机自动化仪表、调速器操作柜、受油器、推力轴承弹性油箱镜板、推力瓦、导轴瓦、水导轴瓦、集电环、各种电工材料、电气备品备件	

表 2-23　机组设备保管仓库面积表

类别	估计公式	符号意义	备注
仓库总面积	$F_总 = 2.8Q$	$F_总$:设备库总面积,m²;Q:同时保管在仓库内的机组设备总重量,t	包括铁路与卸货场的占地面积
仓库保管净面积	$F_保 = 0.5F_总$	$F_保$:仓库保管净面积,m²	指仓库总面积中扣除铁路与卸货场占地后的部分
敞棚仓库	$F_棚 - 17\% \sim 20\% F_保$		
封闭仓库	$F_闭 - 20\% \sim 25\% F_保$		
保温仓库	$F_温 - 8\% \sim 10\% F_保$		
露天仓库	$F_露 - 45\% \sim 55\% F_保$		

（5）仓库占地面积估算

$$A = \sum WK$$

式中,A 为仓库占地面积,m²;W 为仓库建筑面积或堆存场面积,m²;K 为占地面积系数,可按表 2-24 选用。

表 2-24　仓库占地面积系数(K)参考指标

仓库种类	K	仓库种类	K	仓库种类	K
物资总库、施工设备库	4	机电仓库	8	钢筋、钢材库、圆木堆场	3～4
油库	6	炸药库	6		

注:表中系数应参考指标。

5. 特殊材料仓库设置要求

特殊材料仓库包括炸药库、油库等。

（1）炸药库

爆破材料与外部建筑物和其他区域之间的距离,应满足表 2-25 规定的要求。炸药、雷管等危险品仓库单库最大允许储存量可按表 2-26 控制。炸药库与雷管库的距离,见表 2-27。

表 2-25　爆破器材与其他建筑安全距离　　　　单位:m

序号	建筑物距离		仓库内存药量(t)						
			150～200	100～150	50～100	30～50	20～30	10～20	≤10
1	工地住宅区边缘		1500	1350	1150	900	750	650	500
2	工地生产区建筑物		900	800	700	550	450	400	300
3	县以上公路、通航河流航道、非工地铁路支线		750	700	600	450	350	300	250
4	高压送电线路	110kV	750	700	600	450	350	300	250
		110kV 线	450	400	350	250	200	200	200
5	国家铁路线		1050	950	800	650	550	450	350
6	零散住户边缘		900	800	700	550	450	400	300
7	村庄铁路车站边缘,区域变电站围墙		1500	1350	1150	900	750	650	500
8	10 万人以下城镇边缘,其他工厂企业围墙		2300	2100	1800	1400	1200	1000	750
9	10 万人以上城市边缘		4500	4100	3500	2700	2300	2000	1500

表 2-26　单库最大允许存药量

序号	名称	单位	单库最大允许存药量
1	硝铵炸药	t	200
2	雷管、电雷管	万发	30
3	导火线	m	100
4	胶质炸药	t	50

表 2-27　炸药、雷管库间距离要求　　　　　单位:m

库房名称 ＼ 雷管数量（万发）	200	100	80	60	50	40	30	20	10	5
雷管库与炸药库	42	30	27	23	21	19	17	14	10	8
雷管库与雷管库	71	51	45	39	35	32	27	22	16	11

注:表中数字当两库中有一方有土堤时,按表中数值增大比值为 1.7;当双方均无土堤时,其增大比值为 3.3。无论查表或计算结果如何,库房间距不得小于 35m。

（2）油库

油库允许储存油量,见表 2-28。附建油库储油量,见表 2-29。储油罐的间距,见表 2-30。

表 2-28　油库允许最大储油量　　　　　单位:t

储存方式	易燃油品闪点≤45℃	可燃油品闪点＞45℃
地下液体储罐	2000	10000
地下液体储罐、半地下液体储罐	1000	5000

表 2-29　附建油库允许储油量　　　　　单位:t

储存方式		易燃油品	可燃油品
用防火墙隔开,有独立出入口的专门房间	桶装	20	100
	油罐	30	150
油罐设在地下室或半地下室	桶装	0.1	0.5
	油罐	1	5
油罐设在地下室或半地下室		不许可	300

表 2-30　储油罐间距要求表　　　　　单位:t

储油罐形式	罐壁之间的距离	储油罐形式	罐壁之间的距离
地上立式或卧圆柱形油罐	不小于相邻油罐较大一个的直径	钢筋混凝土和砖石结构油罐	按地上距离减少 35%,但不小于 5m
矩形地上油罐	不小于相邻两罐中大罐的两条垂直连长总和的一半	半地下油罐	按地上油罐的 75% 计
不同形状油罐	相邻两罐最大罐的直径	地下油罐内壁间距	不小于 1m

6. 转运站设置

转运站一般由仓库、料棚、堆场、办公室、宿舍、住宅、厨房等组成。

（1）转运量

视枢纽工程外来物资、器材来源的情况而定。通常需转运的主要是水泥、钢材、机械设备、油料、煤炭及其他材料等，一般转运材料数量在 60% 左右。

（2）公路转运站各项指标

公路转运站各项指标，见表 2-31。

表 2-31　公路运输转运站参考指标表

项　目		昼夜转运量(t)	200	400	600	800	1000
人员人数		生产工人（装、卸、搬运）	50	100	150	200	250
		管理人员	4	8	12	16	20
		勤杂人员	2	4	6	8	10
	合计	包装、卸、搬运	6	12	18	24	30
		包装、卸、搬运	56	112	168	224	280
房屋建筑面积（m²）	库棚	储存 3d	900	—	2700	3600	4500
		储存 4d	1200	2400	3600	4800	6000
		储存 5d	1500	3000	4500	6000	7500
	办公房屋		28	56	84	112	140
	宿舍	扣装、卸、搬运	24	48	72	96	120
		包装、卸、搬运	240	402	606	804	1008
	住宅	扣装、卸、搬运	90	180	270	360	450
		包装、卸、搬运	765	1530	2250	3015	4780
	食堂	扣装、卸、搬运	10	12	18	24	30
		包装、卸、搬运	36	72	108	144	180

项　目	昼夜转运量(t)		200	400	600	800	1000
设备	起重机 $Q=8\sim15t$		1 台	1 台	1 台	2 台	2 台
	载重汽车		1 辆	1 辆	1 辆	2 辆	2 辆
占地面积（m²）	储存 3d	扣装、卸、搬运	5260	10480	15720	20960	26200
		包装、卸、搬运	9845	19300	28740	38375	53040
	储存 4d	扣装、卸、搬运	6760	13480	20220	26960	33700
		包装、卸、搬运	11345	22300	3240	44375	60540
	储存 5d	扣装、卸、搬运	8260	16480	24720	33000	41200
		包装、卸、搬运	12845	25300	37740	50415	68040

7. 仓库系统的装卸作业

（1）装卸设备

各种起重设备，如汽车式起重机、轮胎起重机、铁路起重机、固定旋转式起重机、门座式起重机、装载机、带式输送机、叉车及气动泵等均可作为仓库系统的装卸设备。

（2）仓库装卸作业方式的选择

①应根据物资特性、货运强度、储存方式、储存场地的地形条件、装卸机械供应条件，合理选择装卸作业方式。

②装卸机具尽可能选择一机多能的高效轻型机械。

③尽可能选择效率高的装卸机具，以缩短装卸时间。

④尽量减少装卸作业环节，装卸作业各环节的不同类型机械的装卸能力，要相互适应，保证装卸作业方式。

⑤装卸作业方式应与仓库内部作业情况、工作关系、相互距离及装卸作业的要求相适应。

（3）装卸机械数量计算

$$N=\frac{QK_1}{ETFCK_2K_3}$$

式中，N 为各类装卸机械数量，台；Q 为各类装卸机械年平均装卸量；E 为年工作日数，d；T 为每班工作小时数，h；F 为工作班次，视生产需要和运输可能而定；C 为各类机械，不同操作过程装卸各种货物的生产率，t/台时；K_1 为不均衡系数，公路取 1.1～1.4，铁路取 1.15～1.2；K_2 为台班时间利用系数，取 0.85；K_3 为各类机械完好率，取 0.75～0.85。

2.4.6　施工管理及生活福利设施设计

施工工地的管理和生活设施一般包括：办公室、汽车库、职工休息室、开水库、食堂、俱乐部和浴室等。

1. 居住建筑的布置

（1）布置原则

①居住建筑应根据场地的自然条件，可以分散布置在各自的生产区附近或相对集中布置于离生产区稍远的地点。但无论是分散或集中布置，都应各有相对的独立区段，且与生产区有明显界限。

②考虑必要的防震抗灾措施和绿化美化环境措施。

③居住建筑尽可能选在有较好的朝向地段。北方要有必要的日照时间，防止寒风吹袭；南方避开西晒，争取自然通风。

（2）居住建筑布置的形式

居住建筑布置的几种形式如下：

1）沿路线布置

建筑物沿交通线路布置，视地形情况，可以单行或多行平行于道路或垂直于道路布置，或组成小院落。建筑物距道路要有一定距离，最好设置围墙，使出入口集中。这种布置卫生、安全条件差，噪音干扰大。

2）行列式布置

建筑按一定的朝向和合理间距，成行成列布置，形成一个个建筑组群，再由若干个组群组成生活区。这种布置有利于通风和较好的日照条件，外观整齐。适合于地形起伏地段，结合地形灵活布置。

3)零散布置

在较陡山地,利用局部缓坡分散布置,适合在施工区附近布置单职工或民工宿舍。

2. 公共建筑的布置

公共建筑的项目内容、定额、指标,可根据实际情况,参照国家有关规定,设置必要的项目和选用定额。

(1)生活区服务中心布置

考虑合理的服务半径,设置在居民集中,交通方便,并能反映工地生活区面貌的地段。其布置方式有三种:

1)沿街道线状布置

连续布置在街道的一侧或两侧交叉口处。布置集中紧凑,使用方便。但不宜布置在车流量大的交通干线上,并在适当位置设置必要的广场,供车辆停放和人流集散等。

2)沿街和成片集中混合布置

各种布置方式各有优缺点和一定的适应条件,布置时应因地制宜合理选用。

3)成片集中布置

布置紧凑,设施集中,节约用地,使用方便。布置时应考虑按功能分区,留有足够的出入口、停车场等。

(2)公共建筑分级配置

第一级:工地生活区。以工地全部居民为服务对象,布置必要的、规模较大的公共建筑,形成整个工地的服务中心。项目内容包括影剧院、医院、招待所、商店、浴室、理发店、中小学、运动场等。

第二级:居住小区。以小区内居民为服务对象,设置居民日常必须的服务项目,形成区域中心。项目内容可包括托儿所、门诊部、百货店、理发店、职工食堂、锅炉房等。居住区规模较小时,可以只设营业点或分店。

3. 施工管理及生活福利建筑面积计算

（1）人口组成

工地职工人口总数，是衡量施工组织和管理水平的主要标志之一。施工组织设计应在加强企业管理，劳动组织，提高施工机械化水平和劳动生产率等方面采取有效措施，尽量减少工地职工总人数。这是节约投资，减少征地，缩短工期，加快水利水电工程建设的重要途径。

工地职工总人数，应根据总进度提供的劳动力曲线（包括辅助企业生产人员），取高峰年连续 3 个高峰月的平均劳动力，另计非生产人员约 14％，缺勤（伤、病、事、探亲假）为 5％～8％。

临时工的比例，视各工程的具体情况而定，一般为职工总人数的 10％～30％。

根据我国目前水利水电工程的实际情况，另列有关单位派驻工地人员（包括设计代表组、建设单位质检组、工程筹建处、工程监理人员、建设单位代表等），约为固定职工总人数的 1％～2％。

（2）固定职工的计算指标及面积定额

1）单身宿舍

单身宿舍人数可按固定职工总人数的 67％～73％计算，楼房 5.5～6.5m²/人。

2）职工家属住宅

鉴于有基地，带眷比可取 27％～33％，其中有 50％为双职工，即每百名职工住户数为 18～22 户。建筑面积定额为：平房 25～30m²/户，楼房 35～40m²/户。

3）职工子弟学校（小学、初中）。入学人数可按固定职工人数的 13％～17％计算，建筑面积定额取 3～4m²/人。

4）托儿所

入托幼儿人数可按固定职工人数晦 8％～12％计算，建筑面积定额取 5～6m²/人。

5）浴室及理发室

按固定职工 100％计算，＋面积定额取 0.25～0.30m²/人。

6)职工医院

按固定职工 100％计算，面积定额取 0.45～0.55m²/人。

7)职工食堂

包括主副食加工、备餐间、餐厅、仓库、管理人员办公室等。按固定职工 100％计算，面积定额 0.45～0.60m²/人。

8)商业服务业

包括百货店、副食品店、粮店、储蓄所、邮局、电信及其他服务行业。按固定职工人数 100％计算，面积定额取 0.35～0.40m²/人。

9)招待所

按固定职工 2.5％计算，面积定额取 6.4～7.2m²/人。

10)影剧院、俱乐部

包括图书阅览室、游艺室、电视等。按固定职工 100％计算，面积定额取 0.3～0.4m²/人。

11)行政管理用房

按固定职工 100％计算，面积定额取 0.02～0.03m²/人。

(3)临时工的计算指标及面积定额

1)单身宿舍

按临时工 100％计算，建筑面积定额取 3～4m²/人，楼房取 4～5m²/人。

2)管理系统用房

按临时工 100％计算，面积定额取 0.70m²/人（包括行政办公室及仓库等）。

3)福利设施用房

按临时工 100％计算，面积定额医务室 0.35m²/人，浴室和理发室 0.20m²/人，临时工食堂 0.45m²/人，影剧院和俱乐部 0.3m²/人，小计 1.3m²/人，应分项汇总列入工程的各单项建筑物面积。

(4)综合指标

①临时工宿舍采用楼房时建筑面积的综合指标取 6～7m²/人，采用平房时面积取 5～6m²/人。

②固定职工的家属住宅和单身宿舍采用楼房时，建筑面积的

综合指标取 14～16m²/人,采用平房时面积取 11～13m²/人。

汇总以上成果,水利水电工程住宅及配套项目定额指标,见表 2-32。

办公用房面积:办公室定员按固定职工总人数的 8%～12% 计算,建筑面积定额 6～7m²/人。

表 2-32　职工住宅及配套项目定额指标

工种	项目	百人指标	面积定额(m²)	综合指标 (m²/人)	备注
固定职工	家属住宅	18～22 户	每户 35～40	6.3～8.8	平房 4.5～6.6m²/人
	单身宿舍		每床 5.5～6.5	4.02～4.36	平房 3.29～3.69m²/人
	托儿所、幼儿园	13～17 人	每人 5～6	0.40～0.72	
	子弟小学、初中		每人 3～4	0.39～0.68	
	职工医院		每人 0.45～0.3	0.45～0.55	
	浴室、理发室		每人 0.25～0.30	0.25～0.30	
	职工食堂		每人 0.45～0.55	0.45～0.60	
	商业服务业		每人 0.35～0.60	0.35～0.40	
	影剧院、俱乐部		每人 0.30～0.40	0.30～0.40	
	招待所		每床 6.4～7.2	0.16～0.18	
	行政管理用房		每人 0.02～0.03	0.02～0.03	
	综合指标			14～16	
临时工程	单身宿舍		每人 4～5	4.0～5.0	平房 3.0～4.0m²/人
	管理系统用房		每人 0.70	0.70	
	福利设施用房		每人 1.30	1.30	
	综合指标			6.0～7.0	

注:1. 公用设施(开水房、煤气站、公厕等)控制在职工每人 0.25m² 左右为宜。
　2. 严寒或边远地区综合指标每个职工增加 1.0m²。

2.4.7　施工总体布置方案比较

1. 主要比较项目

对于不同枢纽和特定条件,根据方案比较所研究的内容,确定主要比较的项目。

（1）定量项目

定量项目有：

①占地面积。

②临建工程及其造价（场地平整工程、交通、挖填方和长度）。

③运输工作量（t·km）、爬坡高度。

④场内交通工程技术指标。

⑤可达到的防洪标准。

（2）定性项目

定性项目有：

①布置方案能否充分发挥施工工厂的生产能力。

②施工分区的合理性。

③施工设施、站场、临时建筑物的协调和干扰情况。

④满足施工总进度和施工强度的要求。

⑤研究当地现有企业为工程施工服务的可能性和合理性。

2. 修正、完善施工总布置

施工临时设施的平面布置完成后，经过方案比较，需要对施工总布置进一步进行修正、完善。对于不够协调的布置要进行调整，最后编制总布置和有关的技术经济指标图表，完成施工总布置设计。

施工总布置主要设计成果主要有：

①施工总布置图，比例 1∶2000～1∶10000。

②居住小区规划图，比例 1∶500～1∶1000。

③施工对外交通图。

④施工征地范围图和面积一览表。

⑤临建项目及规模一览表。

⑥准备工程量一览表。

⑦施工用地分期征用示意图。

3. 施工总布置工程实例

施工总布置工程实例如图 2-7 所示。

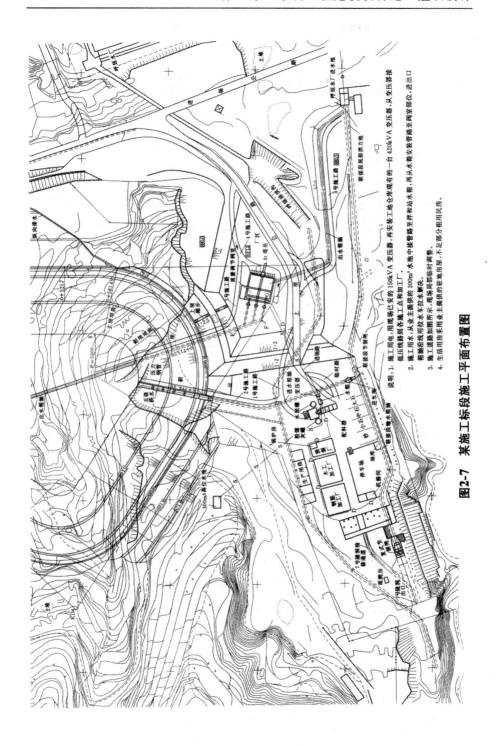

图2-7　某施工标段施工平面布置图

说明：1. 施工用电：用现场已安的150kVA变压器，再装上他仓库现有的一台420kVA变压器，从变压器上接。低压线路到各施工点和加工厂。
2. 施工用水：从业主提供的300m³水池中接管至坝和站水箱，再从水箱安装管路至各管段到分位。进出口前新的线路拉至水车拉水解决。
3. 施工道路加据所示，现场局部临时调整。
4. 生活用房采用业主提供的驻地房屋，不足部分租用民房。

第3章　施工进度计划编制——网络计划技术及优化

工程网络计划技术产生于 20 世纪 50 年代末期。此时,随着生产社会化达到一个新的水平,在建筑、制造、军事、科研以及其他领域出现了越来越多工程项目。60 年代末由世界著名数学家华罗庚教授首先介绍到我国,并在吸收国外网络计划技术的基础上,建立了"统筹法"科学体系。网络计划技术,以其逻辑严密,主要矛盾突出,便于优化调整和电子计算机应用的特点,广泛应用于各个部门、各个领域。

3.1　网络计划技术概述

网络计划技术是用网络图的形式表达一个工程中各项工作开展的先后顺序和逻辑关系。通过对网络计划各项工作时间参数的计算分析,找出关键线路和关键工作,进一步对计划进行优化。

3.1.1　横道计划与网络计划的特点

横道计划与网络计划,都可以对一项工程实施进度安排,但由于二者的表达形式不同,它们所发挥的作用也各具特点。

例如:某钢筋混凝土工程,包括绑扎钢筋、支模板、浇筑混凝土 3 个施工过程,分 3 段施工,流水节拍分别为 $t_支＝3(d)$,$t_{绑}＝2(d)$,$t_浇＝1(d)$。

该工程项目的进度计划,用横道图表示,如图 3-1 所示。用网络图表示,如图 3-2 所示。

由图 3-1、图 3-2 可以看出,横道计划和网络计划所表达的内容相同,表达方法及表达效果却完全不同。

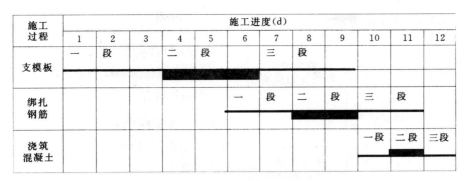

施工过程	施工进度(d)											
	1	2	3	4	5	6	7	8	9	10	11	12
支模板	一　段			二　段			三　段					
绑扎钢筋						一　段		二　段		三　段		
浇筑混凝土										一段	二段	三段

图 3-1　横道计划

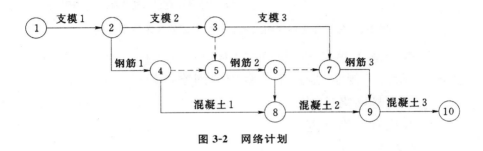

图 3-2　网络计划

1. 横道计划

横道计划是由一系列的横线条结合时间坐标来表示各项工作的起始点和先后顺序的进度计划。它的优点是：

①对人力和其他资源的计算便于据图叠加。

②编制简单,表达直观明了。

它的缺点主要是：

①不能使用计算机进行计算和优化。

②不能全面地反映出各项工作间错综复杂的关系。

2. 网络计划

网络计划是以箭线和节点按照一定规则组成的,用以表示工作流程,有向有序的网状图形。

3.1.2　工程网络计划技术的分类

网络计划技术按工作之间逻辑关系和持续时间的确定程度

分类如图 3-3 所示。

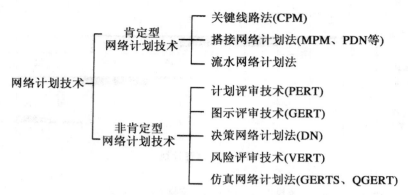

图 3-3 按工作之间逻辑关系和持续时间的确定程度分类

根据中华人民共和国行业标准 JGJ/T121—99《工程网络计划技术规程》的规定,应用于工程中的网络计划可分为:

①单代号网络计划。

②双代号网络计划。

③时标网络计划。

④搭接网络计划。

3.2 双代号网络计划

3.2.1 双代号网络图的组成

JGJ/T 121—99《工程网络计划技术规程》规定:双代号网络图[①]是以箭线及其两端节点的编号表示工作的网络图。它是常用的一种以网络图表示工程进度计划的表达方法,如图 3-4 所示。

组成双代号网络图的 3 个基本要素是:箭线、节点和线路。

---

① 双代号网络图是以一条箭线表示一项工作,用箭线首尾两个节点(圆圈)编号做工作代号的网络图形。

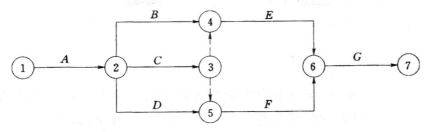

图 3-4 双代号网络图

1. 箭线

双代号网络图中,每条箭线都代表一项工作。将工作的名称和持续时间分别标注于箭线上、下方,如图 3-5 所示。

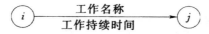

图 3-5 双代号网络图——表示一项工作的基本形式

(1)双代号网络图中工作的性质

双代号网络图中的工作可分为工作、虚工作。工作用实箭线表示。虚工作用虚箭线表示,如图 3-6 所示。

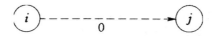

图 3-6 双代号网络图——虚工作的表达形式

(2)双代号网络图中工作间的关系

双代号网络图中工作间有 3 种关系:紧前工作、紧后工作和平行工作,如图 3-7 所示。

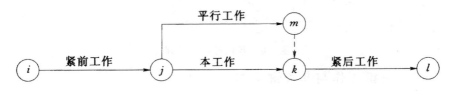

图 3-7 双代号网络图——工作的 3 种关系

2. 节点

在双代号网络图中,箭线端部的圆圈"○"或其他形状的封闭图形代表节点。节点表示一项工作的开始时刻或结束时刻,同时它是工作的连接点。

3. 线路

网络图中,由起点节点沿箭线方向经过一系列箭线与节点至终点节点,所形成的路线称为线路。如图 3-8 所示的网络图中共有 5 条线路,它们所经过的路线及持续时间如下:

(1)关键线路与非关键线路

在一项计划的所有线路中,持续时间最长,对整个工程的完工起着决定性作用的线路,称为关键性线路,其余线路称为非关键线路。如图 3-8 所示,由工作 B、D、F 组成的线路即为关键线路。

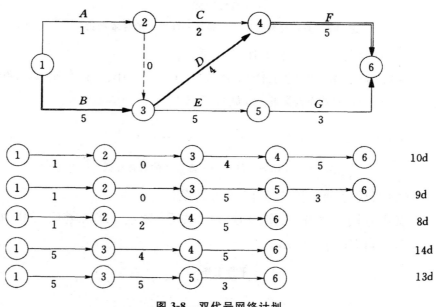

图 3-8　双代号网络计划

(2)关键工作与非关键工作

位于关键线路上的工作称为关键工作,其余工作称为非关键工作。关键工作完成的快慢直接影响整个工期进度。如图 3-8 所示,B、D、F 为关键工作,A、C、E、G 为非关键工作。

3.2.2　双代号网络图的绘制

1. 双代号网络图逻辑关系的表达方法

双代号网络图中常见的逻辑关系表达方法见表 3-1。

表 3-1　双代号网络图常见逻辑关系表达方法

序号	工作间的逻辑关系	网络图中的表达方法	说明
1	A 工作完成后进行 B 工作		A 工作的结束节点是 B 工作的开始节点
2	A、B、C 三项工作同时开始		三项工作具有相同的开始节点
3	A、B、C 三项工作同时结束		三项工作具有相同的结束节点
4	A 工作完成后进行 B、C 工作		A 工作的结束节点是 B、C 工作的开始节点
5	A、B 工作完成后进行 C 工作		A、B 工作的结束节点是 C 工作的开始节点
6	A、B 工作完成后进行 C、D 工作		A、B 工作的结束节点是 C、D 工作的开始节点
7	A 工作完成后进行 C 工作 A、B 工作完成后进行 D 工作		引入虚箭线,使 A 工作成为 D 工作的紧前工作

续表

序号	工作间的逻辑关系	网络图中的表达方法	说明
8	A、B 工作完成后进行 D 工作 B、C 工作完成后进行 E 工作		加入两道虚箭线，使 B 工作成为 D、E 工作的紧前工作
9	A、B 工作完成后进行 D 工作 B、C 工作完成后进行 E 工作		引入虚箭线，使 B、C 工作成为 D 工作的紧前工作
10	A、B 两个施工过程按三个施工段流水施工		引入虚箭线，B_2 工作的开始受到 A_2 和 B_1 两项工作的制约

①网络图必须能正确表示各工序的逻辑关系。

②一张网络图只允许有一个起点节点和一个终点节点，如图 3-9 所示。

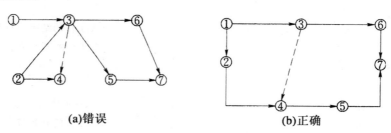

(a)错误   (b)正确

图 3-9 节点绘制规则示意图

③同一计划网络图中不允许出现编号相同的箭线，如图 3-10 所示。

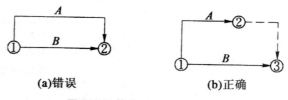

(a)错误   (b)正确

图 3-10 箭线绘制规则示意图

④网络图中不允许出现闭合回路。如图 3-11(a)出现从某节点开始经过其他节点、又回到原节点是错误的,正确的见图 3-11(b)。

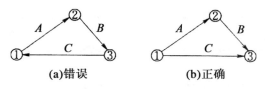

（a)错误　　　　　　　（b)正确

图 3-11　线路绘制规则示意图

⑤网络图中严禁出现双向箭头和无箭头的连线。如图 3-12 所示为错误的表示方法。

(a)双向箭头连线　　　　　(b)无箭头的连线

图 3-12　箭头绘制规则示意图

⑥网络图中严禁出现没有箭尾节点或箭头节点的箭线,如图 3-13 所示。

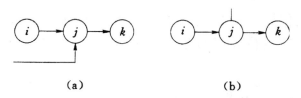

（a)　　　　　　　　　（b)

图 3-13　没有箭尾和箭头节点的箭线

⑦当网络图中不可避免出现箭线交叉时,应采用"过桥"法或"断线"法来表示。过桥法及断线法的表示如图 3-14 所示。

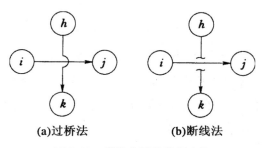

(a)过桥法　　　　　　　(b)断线法

图 3-14　箭线交叉的表示方法

⑧当网络图的开始节点有多条向外箭线或结束节点有多条向内箭线时,为使图形简洁,可用母线法表示,如图 3-15 所示。

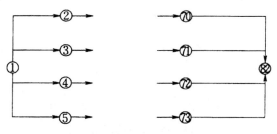

图 3-15 母线法

2. 双代号网络图绘制方法

如图 3-16 所示,节点位置号的确定如下:

①无紧前工作的工作 A、B 的开始节点的位置号为 0。

②有紧后工作的工作的结束节点位置号等于其紧后工作的开始节点位置号的最小值。如 B 的紧后工作 D、E 的开始节点位置号分别为 1 和 2,则其结束节点位置号为 1。

③有紧前工作的工作,其开始节点位置号等于其紧前工作的开始节点位置号的最大值加 1。如 E 的紧前工作为 B、C,而 B、C 的开始节点位置号分别为 0 和 1,则 E 的开始节点位置号为 $1+1=2$。

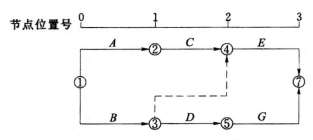

图 3-16 网络图与节点位置坐标关系

④无紧后工作的工作结束节点位置号等于网络图中各个工作的结束节点位置号的最大值加 1。如 E、G 的结束节点位置号等于 C、D 的结束节点位置号 2 加 1 等于 3。

3. 虚工作的作用

在双代号网络图中,虚工作一般起着区分、联系和断路的作用。

(1)区分作用

双代号网络图中,以两个代号表示一项工作,对于同时开始,同时结束的两个平行工作的表达,需虚工作以示区别。如图 3-17 所示的 B、C 工作。

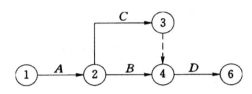

图 3-17　虚工作的区分作用

(2)联系作用

引入虚工作,将有组织联系或工艺联系的相关工作用虚箭线连接起来,确保逻辑关系的正确。见表 3-1 第 10 项所列,B_2 工作的开始,从组织联系上讲,需在 B_1 工作完成后才能进行;从工艺联系上讲,B_2 工作的开始,须在 A_2 工作结束后进行,那么引入虚箭线就可以表达这一工艺联系。

(3)断路作用

引入虚工作,在线路上隔断无逻辑关系的各项工作。

例如绘制某基础工程的网络图,该基础有挖基槽→垫层→墙基→回填土 4 个施工过程,分两段施工。如图 3-18(a)所示的网络图,其逻辑关系的表达是错误的,如第一段墙基的施工并不需要待第二段基槽开挖后再进行,故用虚工作将它们断开。正确的表达如图 3-18(b)所示。

4. 双代号网络图的绘制原则

①一个网络图中,应只有一个起点节点和一个终点节点。

如图 3-19(a)出现两个起点节点①和②,⑧、⑨、⑩3 个终点节点是错误的。该网络图正确的画法如图 3-19(b)所示。将①、②两个节点合并成一个起点节点,将⑧、⑨、⑩3 个节点合并成一个终点节点。

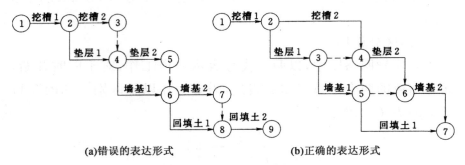

(a)错误的表达形式　　　　　　(b)正确的表达形式

图 3-18　网络图虚工作的断路作用

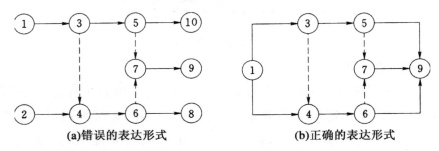

(a)错误的表达形式　　　　　　(b)正确的表达形式

图 3-19　只允许有一个起点节点和终点节点

②在网络图中,不允许出现无节点或无结束节点的工作,如图 3-20 所示。

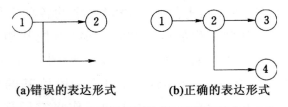

(a)错误的表达形式　　　　(b)正确的表达形式

图 3-20　不允许出现无开始节点或结束节点的工作

③网络图中不允许出现循环回路。

在网络图中从某一节点出发,沿箭线方向又回到此节点,出现循环现象,是循环回路。如图 3-21 所示的网络图中②→③→④→②形成循环回路,它所表示的工艺关系是错误的。

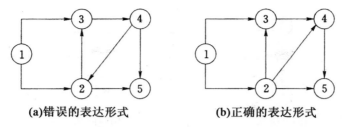

(a)错误的表达形式　　　　　**(b)正确的表达形式**

图 3-21　不允许出现循环回路

④网络图中不允许出现双向箭线或无箭头箭线。

如图 3-22 所示的图形是错误的。网络图是一种有向图,施工的开展按箭头方向进行。无向或双向均不正确。

图 3-22　无箭头或双向箭头

⑤"母线法"的应用。

当网络图的起点节点有多条外向箭线,或终点节点有多条内向箭线时,可采用"母线法"绘制,使多条箭线经一条共用的母线线段,从起点节点引出,或引入终点节点,如图 3-23 所示。

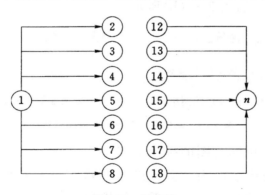

图 3-23　母线法

⑥网络图中交叉箭线的处理。

绘制网络图时,应尽量避免箭线的交叉。当无法避免时,可采用"过桥法"或"指向法"加以处理。如图 3-24 所示。其中"指向法"还可用于网络图的换行、换页指示。

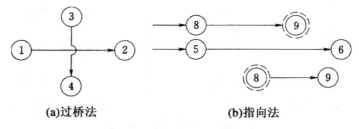

(a)过桥法   (b)指向法

图 3-24 箭线交叉的处理

5. 绘制双代号网络图应注意的问题

绘制双代号网络图[①]时应严格遵守绘制原则要求,同时注意以下问题:

①尽量采用水平箭线和垂直箭线,少用斜箭线,避免交叉箭线。

②减少网络图中不必要的虚箭线和节点。如图 3-25(a)所示网络图③→⑤工作是必需的虚工作。对④→⑥工作,因③→④工作没有单独属于它的紧后工作,故④→⑥工作成为多余的虚工作,应予去掉。如图 3-25(b)所示。

(a)有多余虚工序和多余节点的网络图   (b)去掉多余虚工序和多余节点的网络图

图 3-25 减少网络图中的虚箭线和节点

③灵活应用网络图的排列形式。

以水平方向表示组织关系进行排列。如图 3-26 所示。

以水平方向表示工艺关系进行排列。如图 3-27 所示。

6. 双代号网络图绘制示例

现举例说明前述双代号网络图的绘制方法。

---

① 双代号网络图的绘制就是根据工作间的逻辑关系,将一项计划由开始工作逐项绘出其紧后工作,直至计划的最后一项工作,形成网络计划图。

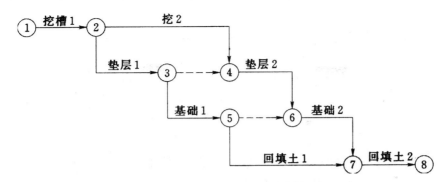

图 3-26 水平方向表示组织关系的网络图排列形式

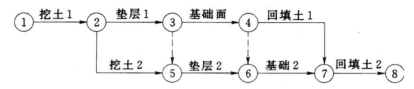

图 3-27 水平方向表示工艺关系的网络图排列形式

例 3.1 已知某网络图的资料如表 3-2 所示。试绘制其双代号网络图。

表 3-2 网络图资料表

工作	A	B	C	D	E	F	G
紧前工作	无	无	无	B	B	C,D	F

解: 确定紧后工作和各工作的节点位置号,如表 3-3 所示。

表 3-3 各工作关系表

工作	A	B	C	D	E	F	G
紧前工作	无	无	无	B	B	C,D	F
紧后工作	无	D,E	F	F	无	G	无
开始节点位置号	0	0	0	1	1	2	3
结束节点位置号	4	1	2	2	4	3	4

根据由关系表确定的节点位置号,绘出网络图如图 3-28 所示。

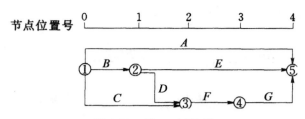

图 3-28　例 3.1 网络图

例 3.2　已知各工作之间的逻辑关系如表 3-4 所示,则可按下述步骤绘制其双代号网络图。

表 3-4　工作逻辑关系表

工作	A	B	C	D
紧前工作	—	—	A、B	B

①绘制工作箭线 A 和工作箭线 B,如图 3-29(a)所示。

②按原则绘制工作箭线 C 后,如图 3-29(b)所示。

③按原则绘制工作箭线 D 后,将工作箭线 C 和 D 的箭线节点合并,以保证网络绘图只有一个终点节点。当确认给定的逻辑关系表达正确后,再进行节点编号。如图 3-29(c)所示。

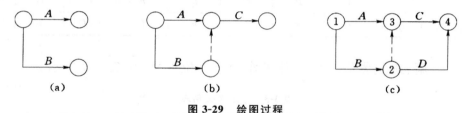

图 3-29　绘图过程

例 3.3　试根据表 3-5 中各施工过程的关系,绘制其双代号网络图。

表 3-5　某工程各施工过程的关系

施工过程	A	B	C	D	E	F	G	H	I	J	K
紧前过程	无	A	A	B	B	E	A	D,C	E	F,G,H	I,J
紧后过程	B,C,G	D,E	H	H	F,I	J	J	J	K	K	无

解：确定各施工过程的节点位置号，如表3-6所示。

表3-6　关系表

施工过程	A	B	C	D	E	F	G	H	I	J	K
紧前过程	无	A	A	B	B	E	A	D,C	E	F,G,H	I,J
紧后过程	B,C,G	D,E	H	H	F,I	J	J	J	K	K	无
开始节点位置号	0	1	1	2	2	3	1	3	3	4	5
结束节点位置号	1	2	3	3	3	4	4	4	5	5	6

绘出网络图如图3-30所示。

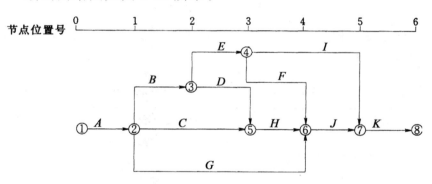

图3-30　例3.3网络图

例3.4　已知各工作之间的逻辑关系如表3-7所示，则可按下述步骤绘制其双代号网络图。

表3-7　工作逻辑关系表

工作	A	B	C	D	E	G	H
紧前工作	—	—	—	—	A、B	B、C、D	C、D

①绘制工作箭线 A、工作箭线 B、工作箭线 C、工作箭线 D，如图3-29(a)所示。

②按前述原则绘制工作箭线 E，如图3-31(b)所示。

③绘制工作箭线 H，如图3-31(c)所示。

④绘制工作箭线 G,并将工作箭线 E、工作箭线 G 和工作箭线 H 的箭线节点合并,以保证网络图的终点节点只有一个。当确认给定的逻辑关系表达正确后,再进行节点编号。如图 3-31 (d)所示。

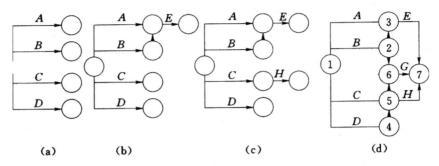

(a)　　　　(b)　　　　(c)　　　　(d)

图 3-31　绘图过程

例 3.5　根据表 3-8 中各施工过程的逻辑关系,绘制其双代号网络图,并进行节点编号。

表 3-8　某分部工程各施工过程逻辑关系

施工过程	A	B	C	D	E	F	G	H
紧前过程	无	A	B	B	B	C,D	C,E	F,G
紧后过程	B	C,D,E	F,G	F	G	H	H	无
持续时间	3	5	8	2	4	4	2	5

解: 确定各施工过程的节点位置号,如表 3-9 所示。

表 3-9　关系表

施工过程	A	B	C	D	E	F	G	H
紧前过程	无	A	B	B	B	C,D	C,E	F,G
紧后过程	B	C,D,E	F,G	F	G	H	H	无
开始节点位置号	0	1	2	2	2	3	3	4
结束节点位置号	1	2	3	3	3	4	4	5

绘出网络图如图 3-32 所示。

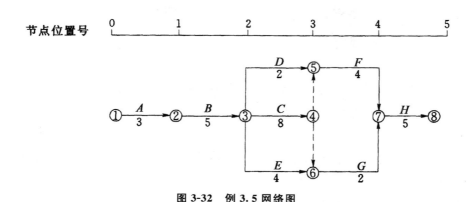

图 3-32　例 3.5 网络图

3.2.3　双代号网络图时间参数的计算

双代号网络图对水利水电建筑工程项目做出了施工进度安排,对网络图进行时间参数的计算,进一步确定关键线路和关键工作,找出非关键工作的机动时间,从而实现对网络计划的调整、优化,起到指导或控制工程施工的作用。

双代号网络图的时间参数,分为节点的时间参数和工作的时间参数两类,现在分别介绍如下。

1. 节点时间参数的计算

按节点计算法计算时间参数应符合其表达已定的逻辑关系;其计算结果应标注在节点之上。如图 3-33 所示。

节点的时间参数包括:节点最早时间和节点最迟时间,分别用 ET_i 和 LT_i 表示。

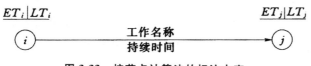

图 3-33　按节点计算法的标注内容

(1)节点最早时间 ET_i 的计算

一个节点的最早时间是以该节点为结束节点的所有工作全部完成的时间,它是以该节点为开始节点的各项工作的最早开始时刻。

1) 起点节点的最早时间

ET_i 为按规定开工日期：

$$ET_1 = 0$$

式中，ET_i 为起点节点的最早可能开始时间。

2) 其他节点的最早时间

$$ET_j = \{ET_i + D_{i-j}\}_{\max} \quad (i<j)$$

式中，ET_i、ET_j 分别为节点 i，j 的最早时间；D_{i-j} 为工作 $i-j$ 的持续时间。

当该节点前面只连接一个节点时：

$$ET_j = ET_i + D_{i-j} \quad (i<j)$$

一项网络计划终点节点的最早时间，即为整个项目的计算工期，同时是该终点节点的最迟时间。

例 3.6　如图 3-34(a) 所示，试计算节点的最早时间及工期。

解：$ET_1 = 0$

$ET_2 = ET_1 + D_{1-2} = 0 + 5 = 5$

$ET_3 = ET_2 + D_{2-3} = 5 + 3 = 8$

$ET_4 = \{ET_2 + D_{2-4}; ET_3 + D_{3-4}\}_{\max} = \{5+3; 8+0\}_{\max} = 8$

$ET_5 = \{ET_3 + D_{3-5}; ET_4 + D_{4-5}\}_{\max} = \{8+1; 8+2\}_{\max} = 10$

$ET_6 = ET_5 + D_{5-6} = 10 + 1 = 11$

$T = ET_6 = 11$

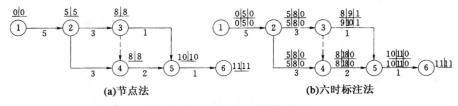

(a) 节点法　　　　　　　　　　(b) 六时标注法

图 3-34　节点法和六时标注法

(2) 节点最迟时间 LT_i 的计算

一项网络计划各节点最迟时间的计算，逆着箭线方向，由终点节点向起点节点计算。

1) 终点节点的最迟时间

当规定工期为 T_r 时：

$$LT_n = T_r$$

当未规定工期时：

$$LT_n = ET_n$$

式中，ET_n、LT_n 分别为终点节点 n 的最早时间和最迟时间。

2）其他节点的最迟时间计算

当该节点后面只连接一个节点时：

$$LT_i = LT_j - D_{i-j} \quad (i < j)$$

式中，LT_i、LT_j 为节点 i，j 的最迟时间。

当该节点之后有多个连接的节点时：

$$LT_i = \{LT_j - D_{i-j}\}_{\min}$$

例 3.7　如图 3-34(a)所示，若工期无规定，试计算节点的最迟时间。

解：$LT_6 = 11$

$LT_5 = LT_6 - D_{5-6} = 11 - 1 = 10$

$LT_4 = LT_5 - D_{4-5} = 10 - 2 = 8$

$LT_3 = \{LT_4 - D_{3-4}; LT_5 - D_{3-5}\}_{\min} = \{8 - 0; 10 - 1\}_{\min} = 8$

$LT_2 = \{LT_3 - D_{2-3}; LT_4 - D_{2-4}\}_{\min} = \{8 - 3; 8 - 3\}_{\min} = 5$

$LT_1 = LT_2 - D_{1-2} = 5 - 5 = 0$

2. 工作基本时间参数的计算

按工作计算法计算时间参数应在确定各项工作的持续时间之后进行。

网络计划各项工作的时间参数，主要包括：工作的最迟开始时间（LS_{i-j}）和最迟完成时间（LF_{i-j}）、总时差（TF_{i-j}）、工作的最早开始时间（ES_{i-j}）和最早完成时间（EF_{i-j}）、自由时差（FF_{i-j}）。

（1）工作的最早开始时间（ES_{i-j}）和最早完成时间（EF_{i-j}）的计算

工作的最早开始时间，是指该工作紧前工作全部完成后，本工作可以开始的时间，即该工作开始节点的最早时间，即：

$$ES_{i-j} = ES_i$$

工作的最早完成时间，等于该工作最早可能开始时间与工作持续时间之和，即：

$$EF_{i-j}=ES_{i-j}+D_{i-j}$$

（2）工作的总时差（TF_{i-j}）

工作的总时差是指在不影响工期和有关时限的前提下，一项工作可以利用的机动时间，它是由工作的最迟开始时间与最早开始时间之间的差异而产生的。工作的总时差等于该工作最迟完成时间与最早完成时间之差，或该工作最迟开始时间与最早开始时间之差，其计算公式为：

$$TF_{i-j}=LS_{i-j}-ES_{i-j}$$

或

$$TF_{i-j}=LF_{i-j}-EF_{i-j}$$

（3）工作的最迟开始时间（LS_{i-j}）和最迟完成时间（LF_{i-j}）的计算

工作最迟完成时间，等于该工作结束节点的最迟时间，即：

$$LF_{i-j}=LT_j$$

工作最迟开始时间，等于该工作最迟完成时间与工作持续时间的差，即：

$$LS_{i-j}=LF_{i-j}-D_{i-j}$$

在计算上述 4 个时间参数时，若未计算节点时间参数，则可依据以下各式展开计算。

1）计算工作最早开始时间和完成时间，顺箭线方向，由起点节点向终点节点进行计算

①第一项工作的最早开始时间（ES_{i-j}）。

a. ES_{i-j} 按规定工期。

b. 无规定工期时：

$$ES_{i-j}=0$$

第一项工作的最早完成开始时间为 $EF_{i-j}=ES_{i-j}+D_{i-j}$。

②中间各项工作的最早开始时间。

a. 当本工作只有一项紧前工作时：

$$EF_{i-j}=EF_{h-i} \quad (h<i<j)$$

b. 当本工作有若干项紧前工作时：

$$EF_{i-j} = \{EF_{h-i}\}_{\max} \quad (h < i < j)$$
$$EF_{i-j} = ES_{i-j} + D_{i-j}$$

③最后一项工作的最早完成时间的最大值，为该计划的计算工期。即：

$$T_c = \{EF_{i-n}\}_{\max} = \{ES_{i-n} + D_{i-n}\}_{\max}$$

2）计算工作的最迟开始和最迟完成时间逆箭线方向由终点节点向起点节点计算

①最后一项工作的最迟完成时间和最迟开始时间。

a. 当有规定工期 T_r 时：

$$LT_{i-n} = T_r$$

b. 当无规定工期时：

$$LF_{i-n} = \{EF_{i-n}\}_{\max}$$

该工作最迟开始时间：

$$LS_{i-n} = LF_{i-n} - D_{i-n}$$

②其他工作的最迟完成时间和最迟开始时间。

a. 当本工作只有一项紧后工作时：

$$LF_{i-j} = LS_{i-k}$$

b. 当本工作有多项紧后工作时：

$$LF_{i-j} = \{LS_{i-k}\}_{\min}$$

该工作最迟开始时间：

$$LS_{i-j} = LF_{i-j} - D_{i-j}$$

（4）工作的自由时差（FF_{i-j}）

一项工作的自由时差是指在不影响其紧后工作最早开始时间和有关时限的前提下，一项工作可以利用的机动时间。

对于有紧后工作的工作，其自由时差等于本工作的紧后工作最早开始时间减本工作最早完成时间所得之差的最小值，其计算公式为：

$$FF_{i-j} = \{ES_{j-k} - EF_{i-j}\}_{\min}$$
$$= \{ES_{j-k} - ES_{i-j} - D_{i-j}\}_{\min} (i < j < k)$$

对于无紧后工作的工作，也就是以网络计划终点节点为完成节点的工作，其自由时差等于计划工期与本工作最早完成时间之差。

$$FF_{i-n}=T_p-EF_{i-n}=T_p-ES_{i-n}-D_{i-n}$$

式中，FF_{i-n} 为以网络计划终点节点规为完成节点的工作 $i-n$ 的自由时差；T_p 为网络计划的计划工期；EF_{i-n} 为以网络计划终点节点行为完成节点的工作 $i-n$ 的最早完成时间；ES_{i-n} 为以网络计划终点节点规为完成节点的工作 $i-n$ 的最早开始时间；D_{i-n} 为以网络计划终点节点咒为完成节点的工作 $i-n$ 的持续时间。

工作的总时差和自由时差的关系如下：

①当总时差为零时自由时差亦为零。

②一项工作的总时差是这项工作所在线路上各工作所共有的，自由时差是该工作所独有利用的机动时间，总时差不小于自由时差。

例3.8 如图 3-34(b)所示，试计算各项工作的最早可能开始和结束时间；最迟开始和完成时间；总时差和自由时差。

解：

(1)计算工作的最早开始和完成时间

$ES_{1-2}=0$ $EF_{1-2}=ES_{1-2}+D_{1-2}=0+5=5$

$ES_{2-3}=EF_{1-2}=5$ $EF_{2-3}=ES_{2-3}+D_{2-3}=5+3=8$

$ES_{2-4}=EF_{1-2}=5$ $EF_{2-4}=ES_{2-4}+D_{2-4}=5+3=8$

$ES_{3-4}=EF_{2-3}=5$ $EF_{3-4}=ES_{3-4}+D_{3-4}=8+0=8$

$ES_{3-5}=EF_{2-3}=8$ $EF_{3-5}=ES_{3-5}+D_{3-5}=8+1=9$

$ES_{4-5}=\{EF_{2-4},EF_{3-4}\}_{\max}=\{8,8\}_{\max}=8$ $EF_{4-5}=ES_{4-5}+D_{4-5}=8+2=10$

$ES_{5-6}=\{EF_{3-5},EF_{4-5}\}_{\max}=\{9,10\}_{\max}=10$ $EF_{5-6}=ES_{5-6}+D_{5-6}=10+1=11$

(2)计算工作的最迟开始和完成时间

$LF_{5-6}=EF_{5-6}=11$ $LS_{5-6}=LF_{5-6}-D_{5-6}=11-1=10$

$LF_{4-5}=LS_{5-6}=10$ $LS_{4-5}=LF_{4-5}-D_{4-5}=10-2=8$

$LF_{3-5}=LS_{5-6}=10$　　$LS_{3-5}=LF_{3-5}-D_{3-5}=10-1=9$

$LF_{2-4}=LS_{4-5}=8$　　$LS_{2-4}=LF_{2-4}-D_{2-4}=8-3=5$

$LF_{3-4}=LS_{4-5}=8$　　$LS_{3-4}=LF_{3-4}-D_{3-4}=8-0=8$

$LF_{2-3}=\{LF_{3-4},LF_{3-5}\}_{\min}=\{8,9\}_{\min}=8$　　$LS_{2-3}=LF_{2-3}-D_{2-3}=8-3=5$

$LF_{1-2}=\{LF_{2-3},LF_{2-4}\}_{\min}=\{5,5\}_{\min}=5$　　$LS_{1-2}=LF_{1-2}-D_{1-2}=5-5=0$

（3）计算工作的总时差

$TF_{1-2}=LS_{1-2}-ES_{1-2}=0-0=0$

$TF_{2-3}=LS_{2-3}-ES_{2-3}=5-5=0$

$TF_{2-4}=LS_{2-4}-ES_{2-4}=5-5=0$

$TF_{3-4}=LS_{3-4}-ES_{3-4}=5-5=0$

$TF_{3-5}=LS_{3-5}-ES_{3-5}=9-8=1$

$TF_{4-5}=LS_{4-5}-ES_{4-5}=8-8=0$

$TF_{5-6}=LS_{5-6}-ES_{5-6}=10-10=0$

（4）计算工作的自由时差

$FF_{1-2}=LS_{2-3}-ES_{1-2}=0-0=0$

$FF_{2-3}=LS_{3-4}-ES_{2-3}=5-5=0$

$FF_{2-4}=LS_{4-5}-ES_{2-4}=8-8=0$

$FF_{3-4}=LS_{4-5}-ES_{3-4}=8-8=0$

$FF_{3-5}=LS_{5-6}-ES_{3-5}=10-9=1$

$FF_{4-5}=LS_{5-6}-ES_{4-5}=10-10=0$

$FF_{5-6}=T-ES_{5-6}=11-11=0$

3. 网络计划中各项作业持续时间的确定

一般网络计划中作业时间的确定有两种方法,即:

①非肯定型:在实际工作中,每项作业的持续时间往往发生变化,难以确定,故按非肯定型考虑比较合理。

②肯定型:查劳动定额确定。

非肯定型确定作业时间时,设法估计三种时间(三时估计法):

最乐观的时间 a：安排计划时，认为最理想的工期。

最可能的时间 b：就是实现的机会相对较大的工期。

最悲观的时间 c：就是安排计划时，认为施工不顺利、条件不理想时所需的工期。

然后计算期望平均值 M，即为作业持续时间：

$$M = \frac{a + 4c + b}{6}$$

求出 M 后，就可以将非肯定型问题转化成肯定型问题进行计算。

4. 关键线路

关键线路是一项网络计划持续时间最长的线路。这种线路是项目如期完成的关键所在。关键线路具有如下性质：

①自始至终全部由关键工作组成的线路或线路上总的工作持续时间最长的线路。

②关键线路所持续的时间，即为该网络计划的计算工期。

③网络计划中总时差最小的线路，若合同工期等于计划工期时，关键线路上各工作的总时差等于 0。

例 3.9 按工作计算法，计算如图 3-35 所示双代号网络计划的时间参数。

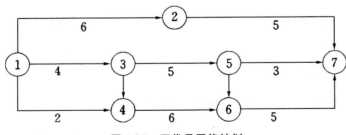

图 3-35 双代号网络计划

解：(1)计算工作的最早开始和完成时间

工作的最早开始时间和最早完成时间的计算，应从网络计划起点节点开始，顺着箭线方向依次进行计算。

①以网络计划起点节点为开始节点的工作，当未规定其最早

时间时,其最早开始时间为 0。即工作 1→2、1→3、1→4 的最早开始时间为 0,即:

$$ES_{1-2} = ES_{1-3} = ES_{1-4} = 0$$

②工作的最早完成时间。由前面推导可知:

工作 1→2:$EF_{1-2} = ES_{1-2} + D_{1-2} = 0 + 6 = 6$

工作 1→3:$EF_{1-3} = ES_{1-3} + D_{1-3} = 0 + 4 = 4$

工作 1→4:$EF_{1-4} = ES_{1-2} + D_{1-4} = 0 + 2 = 2$

③其他工作的最早开始时间应等于紧前工作最早完成时间的最大值。

$$EF_{i-j} = ES_{i-j} + D_{i-j}$$

$$ES_{3-5} = EF_{1-3} = 4$$

$$ES_{4-6} = \{EF_{1-3}, EF_{1-4}\}_{max} = \{4, 2\}_{max} = 4$$

④网络计划的计算工期应等于以网络计划终点节点为完成节点的工作的最早完成时间的最大值。

$$T_c = \{EF_{2-7}, EF_{5-7}, EF_{6-7}\}_{max} = \{11, 12, 15\}_{max} = 15$$

(2)确定网络计划的计划工期

网络计划的计划工期应按以下原则确定:

①当已经规定了要求工期时,计划工期不应超过要求工期,即:

$$T_p \leqslant T_r$$

②当未规定要求工期时,可令计划工期等于计算工期,即:

$$T_p = T_c$$

本例中,假设未规定要求工期,则其计划工期就等于计算工期,即:

$$T_p = T_c = 15$$

计划工期应标注在网络计划终点的右上方,如图 3-36 所示。

5. 网络图进度计划时间参数示例

(1)用图上计算法计算双代号网络图时间参数示例

例 3.10　根据图 3-36 所示网络图,用图上计算法计算其节

点的时间参数 TE(节点的最早时间)和 TF,计算工作的时间参数 ES、EF、LS、LF、TF、FF,并用双箭线表示关键线路,计算总工期 T。

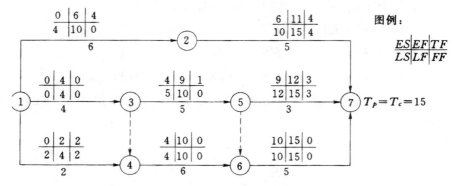

图 3-36 双代号网络计划(六时标注法)

解:①计算节点最早时间参数 TE。

$$TE_1 = 0$$
$$TE_2 = TE_1 + D_{1-2} = 0 + 3 = 3$$
$$TE_3 = TE_2 + D_{2-3} = 3 + 5 = 8$$
$$TE_4 = TE_3 + D_{3-4} = 16$$
$$TE_5 = \{TE_3 + D_{3-5}, TE_4 + D_{4-5}\}_{max} = \{8+2, 16+0\}_{max} = 16$$
$$TE_6 = \{TE_3 + D_{3-6}, TE_4 + D_{4-6}\}_{max} = \{8+4, 16+0\}_{max} = 16$$
$$TE_7 = \{TE_5 + D_{5-7}, TE_6 + D_{6-7}\}_{max} = \{16+4, 16+2\}_{max} = 20$$
$$TE_8 = TE_7 + D_{7-8} = 20 + 5 = 25$$

②工作最早可能开始时间 ES。

$$ES_{1-2} = TE_1 = 0$$
$$ES_{2-3} = TE_2 = 3$$
$$ES_{3-4} = TE_3 = 8$$

同理,可得各工作 ES,填于图上相应位置。

③计算节点最迟时间参数 TL。

$$TL_8 = TE_8 = 25$$
$$TL_7 = TL_8 - D_{7-8} = 20$$
$$TL_6 = TL_7 - D_{6-7} = 18$$

$$TL_5 = TL_7 - D_{5-7} = 16$$

$$TL_4 = \{TL_5 - D_{4-5}, TL_6 - D_{4-6}\}_{\min} = 16$$

$$TL_3 = \{TL_4 - D_{3-4}, TL_5 - D_{3-5}, TL_6 - D_{3-6}\}_{\min}$$

$$= \{16-8, 16-2, 18-4\}_{\min} = 8$$

$$TL_2 = TL_3 - D_{2-3} = 3$$

$$TL_1 = TL_2 - D_{1-2} = 0$$

④工作最早完成时间 EF。

$$EF_{1-2} = ES_{1-2} + D_{1-2} = 0 + 3 = 3$$

$$EF_{2-3} = ES_{2-3} + D_{2-3} = 8$$

同理,可得各工作 EF,计算结果填于图上相应位置。

⑤工作最迟完成时间 LF。

$$LF_{1-2} = TL_2 = 3$$

$$LF_{2-3} = TL_3 = 8$$

同理,可得各工作 LF,将结果填于图上相应位置。

⑥工作最迟开始时间 LS。

$$LS_{1-2} = LF_{1-2} - D_{1-2} = 3 - 3 = 0$$

$$LS_{3-6} = TL_{3-6} - D_{3-6} = 18 - 4 = 14$$

同理,可得各工作 LS,将结果填于图上相应位置。

⑦计算工作总时差 TF。

$$TF_{1-2} = LS_{1-2} - ES_{1-2} = 0$$

$$TF_{3-6} = LS_{3-6} - ES_{3-6} = 0$$

同理,可得各工作 TF,将结果标于图上。

⑧计算工作自由时差 FF。

$$FF_{1-2} = ES_{2-3} - EF_{1-2} = 3 - 3 = 0$$

$$FF_{3-6} = ES_{6-7} - EF_{3-6} = 16 - 12 = 4$$

$$FF_{3-5} = ES_{5-7} - EF_{3-5} = 16 - 10 - 6$$

同理,可得其他工作自由时差 FF,将结果标于图上。

⑨确定关键线路和总工期 T。本题的关键线路为:

关键线路上各工作的时间和即为总工期,如图 3-37 所示。

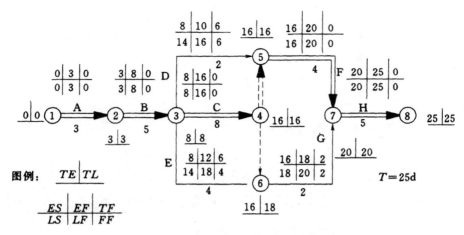

图 3-37　双代号网络图时间参数计算示例

(2)用标号法确定关键线路

①设网络计划始点节点①的标号值为零:

$$b_1 = 0$$

②其他节点的标号值等于以该节点为完成节点的各个工作的开始节点标号值加其持续时间之和的最大值,即:

$$b_j = \{b_i + D_{i-j}\}_{\max}$$

③将节点都标号后,从网络计划终点节点开始,从右向左按源节点寻求出关键线路。网络计划终点节点的标号值即为计算工期。

例 3.11　已知网络计划如图 3-38 所示,试用标号法确定其关键线路。

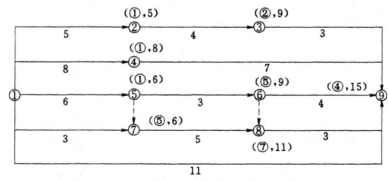

图 3-38　时标网络计划解

对网络计划进行标号。各节点的标号值计算如下,并标注在图 3-39 上。

$b_1 = 0$

$b_2 = b_1 + D_{1-2} = 0 + 5 = 5$

$b_3 = b_2 + D_{2-3} = 5 + 4 = 9$

$b_4 = b_1 + D_{1-4} = 0 + 8 = 8$

$b_5 = b_1 + D_{1-5} = 0 + 6 = 6$

$b_6 = b_5 + D_{5-6} = 6 + 3 = 9$

$b_7 = \{b_1 + D_{1-7}, b_5 + D_{5-7}\}_{max} = \{0 + 3, 6 + 0\}_{max}$

$b_8 = \{b_7 + D_{7-8}, b_6 + D_{6-8}\}_{max} = \{6 + 5, 9 + 0\}_{max}$

$b_9 = \{b_3 + D_{3-9}, b_4 + D_{4-9}, b_6 + D_{6-9}, b_8 + D_{8-9}, b_1 + D_{1-9}\}_{max}$
$= \{9 + 3, 8 + 7, 9 + 4, 11 + 3, 0 + 11\}_{max} = 15$

根据源节点(即节点的第一个标号)从右向左寻求出关键线路为①→④→⑨。画出用双箭线标示出关键线路的标时网络计划,如图 3-39 所示。

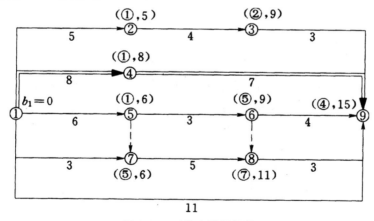

图 3-39 对结点进行标号

3.3 单代号网络计划

3.3.1 单代号网络图的组成

单代号网络图是网络计划的一种表达方式,如图 3-40 所示,是某工程项目的单代号网络图。单代号网络图的基本组成要素为节点、箭线和线路。

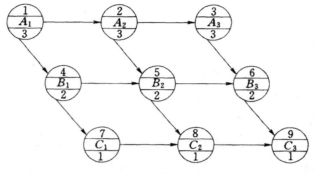

图 3-40　单代号网络图

单代号网络图的节点表示工作,用圆圈或方框表示。工作的持续时间、名称、工作的代号标注于节点内,如图 3-41 所示。

图 3-41　单代号网络图节点形式

当网络计划图中有多项同时最早开始的工作或者网络计划图中有多项最终结束的工作时,应在整个网络计划图的开始和结束的两端分别设置虚拟的起点节点和终点节点,如图 3-42 所示。

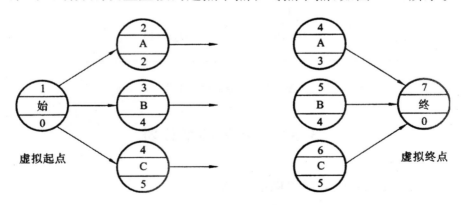

图 3-42　单代号网络图中虚拟节点表示方法示意图

3.3.2   单代号网络图的绘制

1. 单代号网络图的绘图原则

单代号网络图的绘图原则与双代号网络图大致相同,主要有:

①必须正确表达工作的逻辑关系。

②箭线不宜交叉,当交叉不可避免时,可采用过桥法或指向法绘制。

③严禁出现循环回路。

④只应有一个起点节点和一个终点节点,如图 3-43 所示。

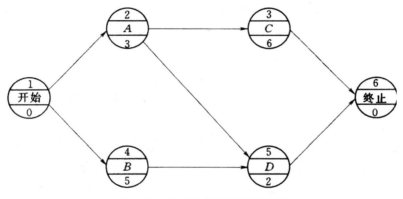

图 3-43   单代号网络图绘图原则

2. 单代号网络图的逻辑关系

单代号网络图逻辑关系的表达方法,见表 3-10。

表 3-10   单代号网络图各工作逻辑关系表达方法示例

序号	工作间的逻辑关系	单代号表达方法	双代号表达方法
1	A 工作完成后进行 B 工作	(A) → (B)	○ —A→ ○ —B→ ○
2	A 工作完成后进行 B、C 工作	(A) 分别指向 (B)、(C)	○ —A→ ○ 分别指向 B、C

序号	工作间的逻辑关系	单代号表达方法	双代号表达方法
3	A、B 工作完成后进行 C 工作		
4	A、B 工作完成后进行 C、D 工作		
5	A 工作完成后进行 C 工作 A、B 工作完成后进行 D 工作		
6	A、B 工作完成后进行 D 工作 B、C 工作完成后进行 E 工作		
7	A、B、C 工作完成后进行 D 工作 B、C 工作完成后进行 E 工作		
8	A、B 两个施工过程按三个施工段流水施工		

3. 绘图方法和步骤

绘图方法和步骤如下:

①确定各工作的紧前工作或紧后工作,正确表达工作的逻辑关系。

②正确绘制相关工作的相应网络。

③确定出各工作的节点编号。

④修改和整理网络计划图,尽量将网络计划图的关键工作和

关键线路布置在网络计划图中心,并用粗箭线或双箭线表示。

⑤使图面简洁明了,并增设虚拟的起点节点和终点节点。

例 3.12 试指出图 3-44 所示的网络计划图的错误,并说明错误的原因。

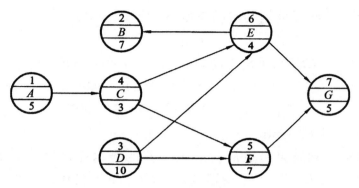

图 3-44　错误网络计划图

解:依据单代号网络计划图的绘图规则,不难看出图 3-44 中有以下错误。

①网络计划图中有三项工作 A、B、D 同时开始,所以应增加一个虚拟起点节点。

②工作 B、C、E 之间出现循环回路,且依照箭线指向,工作 B、E 节点编号颠倒,可以通过改变工作 B、E 之间箭线指向来解决上述两个问题。

③工作 C 至 F,D 至 E 的连线相交叉,应采用过桥法或指向法。

正确网络计划图如图 3-45 所示。

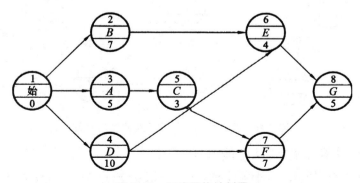

图 3-45　正确网络计划图

3.3.3 单代号网络图时间参数的计算

单代号网络图时间参数 ES、LS、EF、LF、TF、FF 的计算与双代号网络图基本相同,只需把双代号改为单代号即可。

单代号网络计划的时间参数的计算可按下式进行:

$$ES_1 = 0$$
$$ES_j = \{ES_i + D_i, 1 \leqslant i < j \leqslant n\} = \max EF_1$$
$$LS = \min LS_i - D_i = LF_i - D_i$$
$$TF_i = LF_i - ES_i - D_i = LS_i - ES_i$$
$$EF_i = \min ES_i - (ES_i + D)_i = \min ES_i - EF_i$$

网络计划结束节点所代表的工作的最迟完成时间应等于计划工期,即 $LF = T$;工作最迟完成时间等于该工作的紧后工作的最迟开始时间的最小值,即

$$LF_i = \min LS_j = \min(LF_j - D_j)(i < j)$$

现以图 3-46 为例,采用图上计算法进行时间参数计算。计算结果标于节点图例所示相应位置。

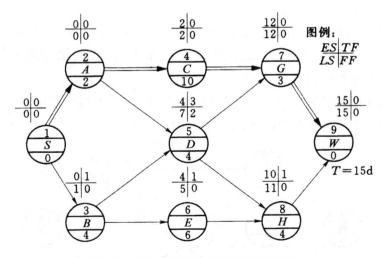

图 3-46 图上计算单代号网络图时间参数

(1)计算工作最早可能开始时间

图 3-46 所示的网络计划中有虚拟的起点节点和终点节点,其

工作延续时间均为零。起点节点的 $ES=0$，其余工作最早可能开始时间计算如下（顺箭线方向）：

$$ES_2=ES_3=ES_1+D_1=0+0=0$$
$$ES_4=ES_2+D_2=0+2=2$$
$$ES_5=\{ES_2+D_2,ES_3+D_3\}_{max}=4$$
$$ES_6=ES_3+D_3=0+4=4$$
$$ES_7=\{ES_4+D_4,ES_5+D_5\}_{max}=12$$
$$ES_8=\{ES_5+D_5,ES_6+D_6\}_{max}=10$$
$$ES_9=\{ES_7+D_7,ES_8+D_8\}_{max}=15$$

计划总工期等于终点节点的最早开始时间与其延续时间之和，即 $T=ES_9+D_9=15+0=15d$。

（2）计算工作最迟必须开始时间

终点节点的最迟必须开始时间，是用总工期减本工作的延续时间之差。即 $LS=T-D_9=15-0=15d$，其余工作的最迟必须开始时间计算如下：

$$LS_8=LS_9-D_8=15-4=11$$
$$LS_7=LS_9-D_7=15-3=12$$
$$LS_6=LS_8-D_6=11-6=5$$
$$LS_5=\{LS_8,LS_7\}_{min}-D_5=11-4=7$$
$$LS_4=LS_7-D_4=12-10=2$$
$$LS_3=\{LS_6,LS_5\}_{min}-D_3=5-4=1$$
$$LS_2=\{LS_4,LS_5\}_{min}-D_2=2-2=0$$
$$LS_1=\{LS_2,LS_3\}_{min}-D_1=0-0=0$$

（3）计算工作总时差

$$TF_1=LS_1-ES_1=0-0=0$$
$$TF_2=0$$
$$TF_3=1-0=1$$
$$TF_4=2-2=0$$
$$TF_5=7-4=3$$
$$TF_6=5-4=1$$

$$TF_7 = 12 - 12 = 0$$
$$TF_8 = 11 - 10 = 1$$
$$TF_9 = 15 - 15 = 0$$

本例关键线路为①→②→④→⑦→⑨。

（4）计算工作自由时差

$$EF_1 = \{ES_2, ES_3\}_{\min} - ES_1 - D_1 = 0$$
$$EF_2 = \{ES_4, ES_5\}_{\min} - ES_2 - D_2 = 0$$
$$EF_3 = 4 - 4 - 0 = 0$$
$$EF_4 = 12 - 2 - 10 = 0$$
$$EF_5 = \{ES_8, ES_7\}_{\min} - ES_5 - D_5 = 10 - 4 - 4 = 2$$
$$EF_6 = 10 - 4 - 6 = 0$$
$$EF_7 = 10 - 4 - 6 = 0$$
$$EF_4 = 10 - 4 - 6 = 0$$
$$EF_9 = T - ES_9 - D_9 = 15 - 15 - 0 = 0$$

以上计算结果分别记入节点边图例所示的位置，如图 3-46 所示。

3.4 双代号时标网络计划

时标网络计划宜按各个工作的最早开始时间编制。

如图 3-47 所示的网络计划是错误的，因为出现了逆向虚箭线 ②→③、逆向箭线④→⑤和未尽量向左靠的工作⑤→⑦和工作⑦→⑧。

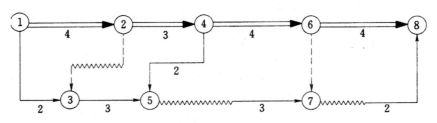

图 3-47 错误的时标网络计划

正确的时标网络计划如图 3-48 所示。

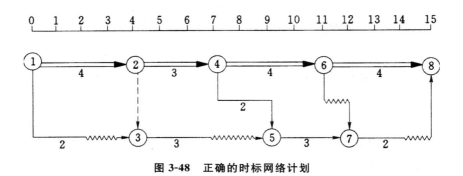

图 3-48　正确的时标网络计划

3.4.1　双代号时标网络计划的特点

如图 3-49 所示,为一项双代号时标网络计划,其特点如下:

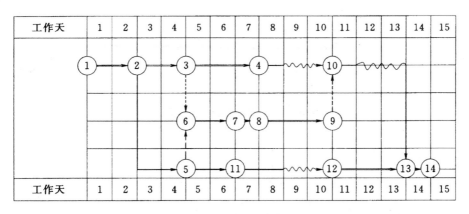

图 3-49　时标网络计划

①建立了时间坐标体系,把双代号网络计划图绘制于时间表上。

②双代号时标图节点的中心位于时标的刻度线上,表示工作的开始与完成时间,同时,可从时标图上读出各工作的自由时差、总时差等时间参数及关键线路,减少了计算的工作量。

③对时标图的修改不方便,修改某一项可能会引起整个网络图的变动,所以宜利用计算机程序进行时标网络计划的编制与管理。

④时标网络图中,实箭线表示工作,波形线表示工作的自由时差。箭线的长短与工作的时间有关。

3.4.2 时标网络计划的绘制方法

时标网络计划的绘制方法有间接绘制法和直接绘制法两种。

1. 间接绘制法

间接绘制法是先绘制出标时网络计划,确定出关键线路,再绘制时标网络计划。某时标网络计划绘制过程如图 3-50 及图 3-51 所示。

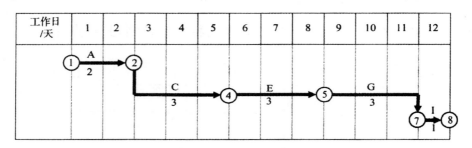

图 3-50 画出时标网络计划的关键线路

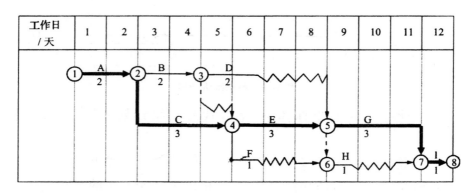

图 3-51 完成时标网络计划

例 3.13 已知网络计划的有关资料如表 3-11 所示,试用间接绘制法绘制时标网络计划。

表 3-11　某网络计划的有关资料

工作	A	B	C	D	E	G	H
持续时间	9	4	2	5	6	4	5
紧前工作	无	无	无	B	B,C	D	D,E

解:确定出节点位置号,如表 3-12 所示。

表 3-12　关系表

工作	A	B	C	D	E	G	H
持续时间	9	4	2	5	6	4	5
紧前工作	无	无	无	B	B,C	D	D,E
紧后工作	无	D,E	E	G,H	H	无	无
开始节点位置号	0	0	0	1	1	2	2
完成节点位置号	3	1	1	2	2	3	3

绘出标时网络计划,并用标号法确定出关键线路,如图 3-52 所示。

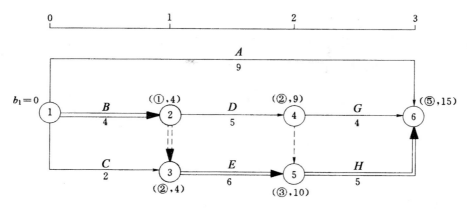

图 3-52　时标网络计划

按时间坐标绘出关键线路,如图 3-53 所示。

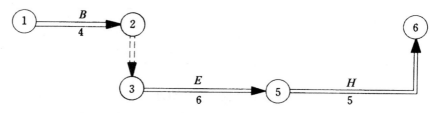

图 3-53　画出时标网络计划的关键线路

绘出非关键工作,如图 3-54 所示。

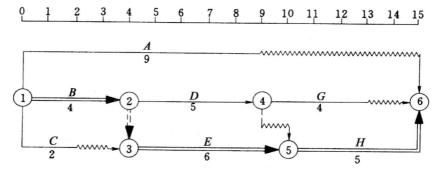

图 3-54　例 3.12 的时标网络计划

例 3.14　试将图 3-36 所示双代号网络计划绘制成时标网络计划。

解:计算网络计划时间参数,如图 3-36 所示。

建立时间体系,如图 3-55 所示。

工作天	1	2	3	4	5	6	7	8	9	10	11	12	13	14	15
工作天	1	2	3	4	5	6	7	8	9	10	11	12	13	14	15

图 3-55　时间坐标体系

根据网络计划的时间参数,由起点节点依次将各节点定位于时标的纵轴上,并绘出各节点的箭线及时差,如图 3-56 所示。

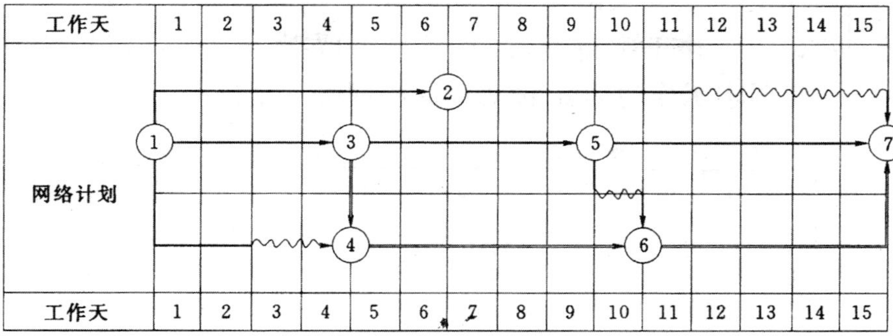

图 3-56　各节点在时标图中的位置

2. 直接绘制法

直接绘制法是不需绘出标时网络计划而直接绘制时标网络计划。

时标网络计划的关键线路可由终点节点逆箭线方向朝开始节点逐次进行判定:自始至终都不出现波形线的线路即为关键线路。

3.5　网络计划的优化

3.5.1　工期优化

网络计划的计算工期与计划工期若相差太大,为了满足计划工期,则需要对计算工期进行调整:当计划工期大于计算工期时,应放缓关键线路上各项目的延续时间,以减少资源消耗强度;当计划工期小于计算工期时,应紧缩关键线路上各项目的延续时间。

通过压缩关键工作的作业时间来进行工期优化时,应满足以下要求:

①关键工作必须有充足的备用资源。

②压缩关键工作持续时间后,不能对质量和安全有较大影响。

③压缩工作的持续时间所需增加的费用最少。

例 3.15 已知某网络计划如图 3-57 所示。图中箭线下方括号外数据为工作正常持续时间,括号内数据为工作最短持续时间。假定要求工作为 20d,试对该原始网络计划进行工期优化。

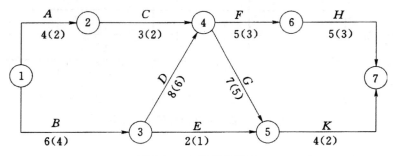

图 3-57 初始网络计划

解: 找出网络计划的关键线路、关键工作,确定计算工期。采用"工作基本时间参数的计算"方法(六时标注)。如图 3-58 所示,关键线路:①→③→④→⑤→⑦,$T_c=25(d)$。

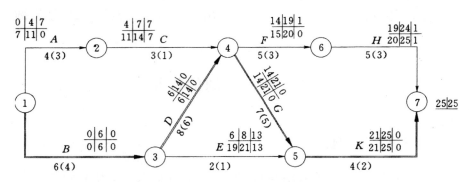

图 3-58 找出关键线路及工期

初始网络计划需缩短的时间为:

$$\Delta T = 25 - 20 = 5(d)$$

各项工作可能压缩的时间分别为:

①→③工作可压缩 2d

③→④工作可压缩 2d

④→⑤工作可压缩 2d

⑤→⑦工作可压缩 2d

考虑优先压缩条件，首先选择⑤→⑦工作，因其备用资源充足，且缩短时间对质量无太大影响。⑤→⑦工作可压缩 2d，但压缩 2d 后，①→③→④→⑥→⑦线路成为关键线路，⑤→⑦工作变成非关键工作。为保证压缩的有效性，⑤→⑦工作压缩 1d。此时关键线路有两条，工期为 24d，如图 3-59 所示。

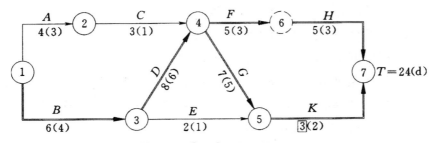

图 3-59　⑤→⑦工作压缩了 1d

按要求工期尚需压缩 4d，根据压缩条件，选择①→③工作和③→④工作进行压缩。分别压缩至最短工作时间，如图 3-60 所示，关键线路仍为两条，工期为 20d，满足要求，优化完毕。

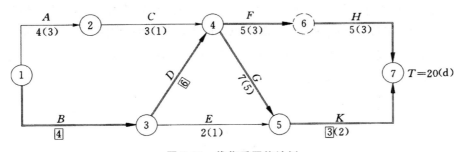

图 3-60　优化后网络计划

3.5.2　工期—资源优化

这里所说的资源从广义上理解，是为了完成某项作业所需的机械设备、人力、资金、材料的统称。这些资源所需的总量与计划项目的内容相关，而资源强度却与工期的安排有关。在一定条件下，增加资源强度，就会加快施工进度，缩短工期；反之，延缓进度，拉长工期，尤其是资源无保证的情况下，网络计划会被打乱而失效。因此。要保证资源的强度和及时供应。

工期—资源优化是在工期固定的条件下,如何使资源均衡;或资源有限制的情况下,如何使工期最短。其方法是通过改变作业的开始时间,使资源按时间的分布满足优化目标。优化方法可以归纳为两类:

①规定工期,寻求资源消耗均衡。

②资源有限制,寻求最短工期。

这两类优化调整的途径一般是:

①利用时差,延迟某些作业的开始时间。

②改变某些作业的持续时间,降低资源消耗强度。

③在一些条件允许的情况下,令某些作业在资源紧张的时段停止工作,以减少资源的消耗量。

3.5.3 工期—费用优化

工程成本由直接费和间接费组成。间接费包括施工组织管理的全部费用,它与施工单位的管理水平、施工条件、施工组织等有关。如果缩短工期,就会使工程总费用中的直接费增加,间接费减少,相反,会引起直接费减少,间接费增加,如图 3-61 所示。直接费包括人工费、材料费和机械费。采用不同的施工方案,工期不同,直接费也不同。

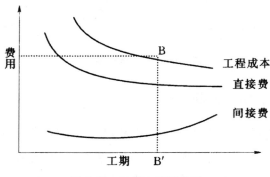

图 3-61 工期—费用关系

图 3-61 中总成本曲线是将不同工期的直接费与间接费叠加而成。总成本曲线最低点所对应的工期即为成本的工期,称为最优工期。工期—成本优化,就是寻求最低成本时的最优工期。

　　如果将正常工期对应的费用和强化工期对应费用连成一条曲线,那么此曲线就称为费用曲线或 ATC 曲线,如图 3-62 所示。为简化计算,将工作的直接费用与持续时间之间的关系近似地认为是一条直线关系。将这条直线的斜率称为直接费率。作业不同其费率是不同的,费率越大,意味着作业时间缩短 1 天,所增加的费用越大,或作业时间增加 1 天,所减少的费用越多。

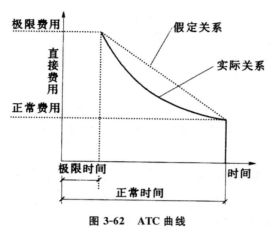

图 3-62　ATC 曲线

　　进度安排和对应的工程费用绘成曲线,这条曲线就称为 PTC 曲线,如图 3-63 所示。

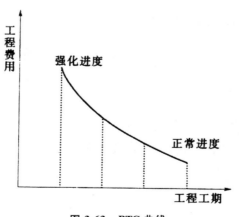

图 3-63　PTC 曲线

　　费用优化的具体步骤是先求出不同工期下的最低直接费,接着再考虑相应的间接费和工期变化带来的其他费用变化值。

第4章 水利工程建设项目施工质量管理

水利工程建设项目的施工质量管理指的是根据工程相关图纸和文件的设计要求,对工程参建各方及其技术人员的劳动下形成的工程实体建立健全有效的工程质量监督体系,进行质量控制,确保建设的水利工程项目可以符合专门的工程或是合同所规定的质量要求和标准。

4.1 施工质量管理概述

质量是反映实体满足明确或隐含需要能力的特性的总和。质量管理指的是,对工程的质量和组织的活动进行协调。从这个定义中我们可以看出,质量管理不仅包括工程的产品质量的管理,还要对社会工作的质量进行管理。除此之外,还要进行质量策划、质量控制、质量保证和质量改进等。

4.1.1 工程质量的特点

工程质量的特点主要表现在以下几个方面。[①]

1. 质量波动大

工程建设的周期通常都比较长,就使得工程所遭遇的影响因素增多,从而加大了工程质量的波动程度。

2. 影响因素多

对工程质量产生影响的因素有很多,主要因素如图 4-1 所示。

---

① 张玉福. 水利工程施工组织与管理[M]. 郑州:黄河水利出版社,2009.

因为水利工程建设的项目大多数由多家建设单位分工合作完成，各个建设单位的人员，材料以及机械等都不一致，使得工程的质量形式更为复杂，影响工程的因素也更多。

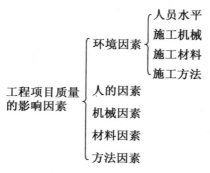

图 4-1　影响工程质量的主要因素

3. 质量变异大

从上述中我们可以得知，影响工程质量的因素很多，这同时也就加大了工程质量的变异几率，任何因素的变异均会引起工程项目的质量变异。

4. 质量具有隐蔽性

由于工程在建设的过程中，多家建设单位参与施工，工序交接多；所使用的材料、人员的水平均衡不一，导致质量有好有差；隐蔽工程多，再加上取样的过程中还会受到多种因素和条件的限制，从而增大了错误判断率。

5. 终检局限性大

建筑工程通常都会有固定的位置，因此在对工程进行质检时，就不能对其进行解体或是拆卸，因此工程内部存在的很多隐蔽性的质量问题，在最后的终检验收时都很难发现。

在工程质量管理的过程中，除去要考虑到上述几项工程的特点之外，还要认识到质量、进度和投资目标这三者之间是一种对立统一的关系，工程的质量会受到投资、进度等方面的制约。想要保证工程的质量,就应该针对工程的特点,对质量进行严格控制,将质量控制贯穿于工程建设的始终。

4.1.2 水利工程质量管理的原则

对水利工程的质量进行管理的目的是使工程的建设符合相关的要求。那么我们在进行质量管理时应遵循以下几项原则。

1. 遵守质量标准原则

在对工程质量进行评价时,必须要依据质量标准来进行,而其中所涉及的数据则是质量控制的基础。工程的质量是否符合质量的相关要求,只有在将数据作为依据进行衡量之后才能做出最终的评判。

2. 坚持质量最优原则

坚持质量最优原则是对工程进行质量管理所遵循的基本思想,在水利工程建设的过程中,所有的管理人员和施工人员都要将工程的质量放在首位。

3. 坚持为用户服务原则

在进行工程项目的建设过程中,要充分考虑到业主用户的需求,要把业主用户的需求作为整个工程项目管理的基础,要时刻谨记业主的需求,要把这种思想贯穿到各个施工人员当中。施工人员是质量的创造者,在工程建设中,施工人员的劳动创造才是工程的质量的基础,才是工程建设的不竭的动力。

4. 坚持全面控制原则

全面控制原则指的是,要对工程建设的整个过程都进行严格的质量控制。依靠能够确切反映客观实际的数字和资料对工程所有阶段的质量进行控制,对工程建设的各个方面进行全面掌控。

5. 坚持预防为主原则

应该在水利工程实际实施之前,就要提前所有对工程质量产生影响的因素并对其进行全面的分析,找出其中的主导因素,将工程的质量问题消灭于萌芽的状态,从而真正做到未雨绸缪。

4.1.3　工程项目质量控制的任务

工程项目质量控制的任务的核心是要对工程建设各个阶段的质量目标进行监督管理。由于工程建设各阶段的质量目标不同,因此要对各阶段的质量控制对象和任务一一进行确定。

1. 工程项目决策阶段质量控制的任务

在工程项目决策阶段,在对工程质量的控制中,主要是对可行性研究报告进行审核,其必须要符合如图 4-2 所示的条件才可以最终被确认执行。

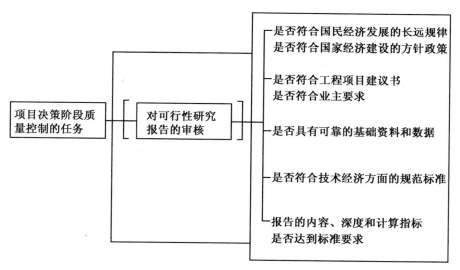

图 4-2　决策阶段对可行性研究报告进行审核条件

2. 工程项目设计阶段质量控制的任务

在工程项目的设计阶段,对工程质量的控制主要是对与设计相关的各种资料和文件进行审核,主要的资料文件如图 4-3

所示。

工程项目设计阶段
质量控制的任务
{
①审查设计基础资料的正确性和完整性
②编制设计招标文件，组织设计方案竞赛
③审查设计方案的先进性和合理性，确定最佳设计方案
④督促设计单位完善质量保证体系，建立内部专业交底及专业会签制度
⑤进行设计质量跟踪检查，控制设计图纸的质量

图 4-3　工程项目设计阶段质量控制的任务

3. 工程项目施工阶段质量控制的任务

对工程施工阶段进行质量控制是整个工程质量控制的中心环节。根据工程质量形成时间的不同,可以将施工阶段的质量控制分为质量的事前控制、事中控制和事后控制三个阶段,其内容及构成如图 4-4 所示[①]。其中,事前控制是最为重要的一个阶段。

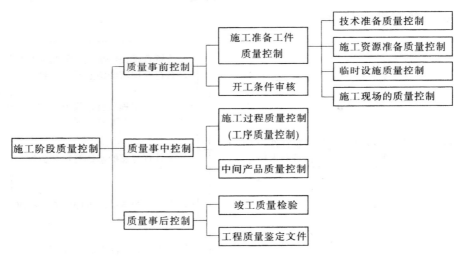

图 4-4　施工阶段质量控制三个阶段的内容及构成

（1）事前控制

①审查技术资质。

②完善工程质量体系。

---

① 赵启光. 水利工程施工与管理[M]. 郑州:黄河水利出版社,2011.

③完善现场工程质量管理制度。

④争取更多的支持。

⑤审核设计图纸。

⑥审核施工组织设计。

⑦审核原材料和配件。

⑧对那些永久性的生产设备或装置,应按审批同意的设计图纸组织采购或订货,在到货之后好要进行检查验收。

⑨检查施工场地。对于施工的场地也要进行检查验收。

⑩严把开工。在对工程建设正式开始之前的所有准备工作都做完,并且全部都合格之后,才可以下达开工的命令;对于中途停工的工程来说,如果没有得到上级的开工命令,那么暂时就不能复工。

(2)事中控制

①完善工序控制措施。工序控制对工程质量起着决定性的作用,因此一定要注重对工序的控制,以保证工程质量。找出影响工序质量的所有因素,将它们全部纳入质量体系的控制范围之内。

②严格检查工序交接。在工程建设的过程中,每一个建设阶段只有按照有关的验收规定合格之后才能开始进行下一个阶段的建设。

③注重做实验或复核。

④审查质量事故处理方案。在工程建设的过程中,如果发生了意外事故。要及时作出事故处理方案,在处理结束之后还要对处理效果进行检查。

⑤注意检查验收。对已经完成的分部工程,严格按照相应的质量评定标准和办法进行检查验收。

⑥审核设计变更和图纸修改。在工程建设过程中,如果设计图纸出现了问题,要及时进行修改,并要对修改过后的图纸再次进行审核。

⑦行使否决权。在对工程质量进行审核的过程中,可以按照合同的相关规定行使质量监督权和质量否决权。

⑧组织质量现场会议。组织定期或不定期的质量现场会议,及时分析、通报工程质量状况。

(3)事后控制

①对承包商所提供的质量检验报告及有关技术性文性进行审核。

②对承包商提交的竣工图进行审核。

③组织联动试车。

④根据质量评定标准和办法,对完工的工程进行检查验收。

⑤组织项目竣工总验收。

⑥收集与工程质量相关的资料和文件,并归档。

4. 工程项目保修阶段质量控制的任务

工程项目保修阶段质量控制的任务如图 4-5 所示。

工程项目保修阶段质量控制的任务
①审核承包商的工程保修书
②检查、鉴定工程质量状况和工程使用情况
③确定工程质量缺陷的责任者
④督促承包商修复缺陷
⑤在保修期结束后,检查工程保修状况,移交保修资料

图 4-5　工程项目保修阶段质量控制的任务

4.1.4　水利工程质量管理的内容

在对水利工程的质量进行管理时,要注意从全面的观点出发。不仅要对工程质量进行管理,并且还要从工作质量和人的质量方面进行管理。

1. 工程质量

工程质量指的是建设水利工程要符合相关法律法规的规定,符合技术标准、设计文件和合同等文件的要求,其所起到的具体

作用要符合使用者的要求。具体来说,对工程质量管理主要表现在以下几个方面。

（1）工程寿命

所谓的工程寿命,实际上指的就是建设的项目在正常的环境条件下可以达到的使用时间,即工程的耐久性,这是进行水利工程项目建立的最重要的指标之一。

（2）工程性能

工程性能就是工程建设的重点内容,要能够在各个方面,包括外观、结构、力学以及使用等方面满足使用者的需求。

（3）安全性

工程的安全性主要是指在工程的使用过程中,其结构上应能保护工程,具备一定的抗震、耐火效果,进而保护人员的人身不受损害。

（4）经济性

经济性指的是工程在建设和使用的过程中应该进行成本的计算,避免不必要的支出。

（5）可靠性

可靠性指的是工程在一定的使用条件和使用时间下,所能够有效完成相应功能的程度。例如,某水利工程在正常的使用条件和使用时间下,不会发生断裂或是渗透等问题。

（6）与环境的协调性

与环境的协调性指的是水利工程的建设和使用要与其所处的环境相互协调适应,不能违背自然环境的发展规律,与自然和谐共处,实现可持续发展。

我们可以通过量化评定或定性分析来对上述六个工程质量的特性进行评定,以此明确规定出可以反映出工程质量特性的技术参数,然后通过相关的责任部门形成正式的文件下达给工程建设组织,以此来作为工程质量施工和验收的规范,这就是所谓的质量标准。

通过将待验收的工程与制定好的工程质量标准两相比较，符合标准的就是合格品，不符合标准的就是不合格品。需要注意的是，施工组织的工程建设质量，不仅要满足施工验收规范和质量评价标准的要求，并且还要满足建设单位和设计单位所提出的相关合理要求。

2. 工作质量

工作质量指的是从事建筑行业的部门和建筑工人的工作可以保证工程的质量。工作质量包括生产过程质量和社会工作质量两个方面，如技术工作、管理工作、社会调查、后勤工作、市场预测、维护服务等方面的工作质量。想要确保工程质量可以对达到相关部门的要求，前提条件就必须首先要保证工作质量要符合要求。

3. 人的质量

人的质量指的是参与工程建设的员工的整体素质。人是工程质量的控制者，也是工程质量的"制造者"。工程质量的好与坏与人的因素是密不可分的。

建设员工的素质主要指的是文化技术素质、思想政治素质、身体素质、业务管理素质等多个方面。

建设人员的文化技术素质直接影响工程项目质量，尤其是技术复杂、操作难度大、要求精度高的工程对建设人员的素质要求更高。

身体素质是指根据工程施工的特点和环境，应严格控制人的生理缺陷，特殊环境下的作业比如高空，患有高血压、心脏病的人不能参与，否则容易引起安全事故。

思想政治素质和业务管理素质主要指的是在施工场地，施工人员的应该避免产生错误的情绪，比如畏惧、抑郁等，也注意错误的行为，比如吸烟、打盹、错误的判断、打闹嬉戏等等行为都会影响工作的质量。

4.2　质量管理体系的建立与运行

4.2.1　工程项目质量管理系统的概述

工程项目质量管理体系是以控制、保证和提高工程质量为目标,运用系统的概念和方法,使企业各部门、各环节的质量管理职能组织起来,形成一个有明确任务、职责、权限、互相协调、互相促进的有机整体,使质量管理规范化、标准化的体系。

质量管理体系要素是构成质量体系的基本单元,它是工程质量产生和形成的主要因素。

施工阶段是建设工程质量的形成阶段,是工程质量监督的重点,因此,必须做好质量管理的工作。

施工单位建立质量管理体系要抓好以下七个环节:

①要有明确的质量管理目标和质量保证工作计划。

②要建立一个完整的信息传递和反馈系统。

③要有一个可靠有效的计量系统。

④要建立和健全质量管理组织机构,明确职责分工。

⑤组织开展质量管理小组活动。

⑥要与协作单位建立质量的保证体系。

⑦要努力实现管理业务规范化和管理流程程序化。

根据工程项目质量管理系统的构成、控制内容、实施的主体和控制的原理分类如下,质量管理体系分类如图 4-6 所示[①]。

4.2.2　建设工程项目质量控制系统的建立

建设工程项目质量控制系统的建立首先需要质量体系文件化,对其进行策划,根据工程项目的总体要求,从实际出发,对质量管理体系文件进行编制,保证其合理性;然后要定期进行质量

---

① 戴金水,徐海升等. 水利工程项目建设管理[M]. 郑州:黄河水利出版社,2008.

管理体系进行评审和评价。

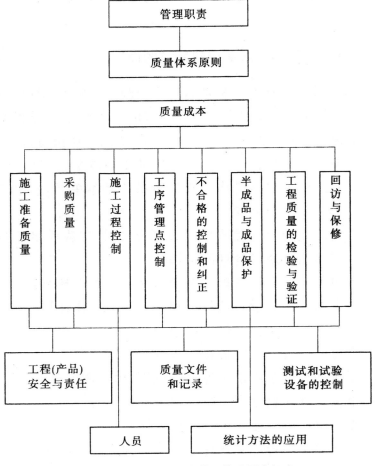

图 4-6　工程项目质量管理体系要素组成

1. 建立工程项目质量控制体系的基本原则

(1)全员参与的分层次规划原则

只有全员参与的质量管理体系当中才能为企业带来利益,又因水利工程的施工的特殊性,还需要对不同的施工单位制定不同的质量管理标准。

(2)过程管理原则

在工作过程中,按照建设标准和工程质量总体目标,分解到各个责任主体,依据合适的管理方式,确定控制措施和方法。

（3）质量责任制原则

施工单位只需做好自己负责项目的工作即可,责任分明,质量与利益相结合,提高工程质量管理的效率。

（4）系统有效性原则

即做到整体系统和局部系统的组织、人员、资源和措施落实到位。

2. 建立步骤

（1）总体设计

质量体系建设的第一步一定要先对整个大的环境进行充分的了解,制定一个符合社会、市场以及项目的质量方针和目标。

（2）质量管理体系文件的编制

编制质量手册、质量计划、程序文件和质量记录等质量体系文件,包括对质量管理体系过程和方法所涉及的质量活动所进行的具体阐述。

（3）人员组织的确定

根据各个阶段方面的侧重部分,合理安排组织人员进行监督,制定质量控制工作制度,按照制度形成质量控制的依据。

4.2.3　工程项目质量管理体系运行

质量管理体系运转的基本方式是按照计划（Plan）→执行（Do）→检查（Check）→处理（Action）的管理循环进行的,它包括四个阶段、八个步骤。

1. 四个阶段

①计划阶段:按使用者要求,根据具体生产技术条件,找到生产中存在的问题及其原因,拟定生产对策和措施计划。

②执行阶段:按预定对策和生产措施计划,组织实施。

③检查阶段:对生产产品进行必要的检查和测试,即把执行

的工作结果与预定目标对比,检查执行过程中出现的情况和问题。

④处理阶段:把经过检查发现的各种问题及用户意见进行处理,凡符合计划要求的给予肯定,成文标准化;对不符合计划要求和不能解决的问题,转入下一循环,以便进一步研究解决。

2. 八个步骤

①分析现状,找到问题,依靠数据做支撑,不武断,不片面,结论合理有据。

②分析各种影响因素,要把可能因素一一加以分析。

③找出主要影响因素,在分析的各种因素中找到主要的关键的影响因素,对症下药。改进工作,提高质量。

④研究对策,针对主要因素拟定措施,制订计划,确定目标。

以上 4 个步骤均属 P(Plan 计划)阶段的工作内容。

⑤执行措施,为 D(Do 执行)阶段的工作内容。

⑥检查工作结果,对执行情况进行检查,找出经验教训,是 C(Check 检查)阶段工作内容。

⑦巩固措施,制定标准,把成熟的措施订成标准(规程、细则),形成制度。

⑧遗留问题转入下一个循环。

以上⑦、⑧为 A(Action 处理)阶段的工作内容。PDCA 管理循环的工作程序如图 4-7 所示。

PDCA 循环工作原理是质量管理体系的动力运作方式,有着以下特点。

①四个阶段相互统一成一个整体,一个都不可缺少,先后次序不能颠倒。

②施工建设单位的各部门都存在 PDCA 循环。

③PDCA 循环在转动中前进的,每个循环结束,质量提高一步,如图 4-8 所示。每经过一次循环,就解决了一批问题,质量水平就有了新的提高。

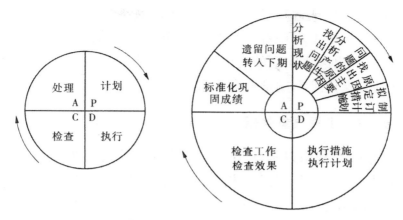

图 4-7　PDCA 工作程序示意图

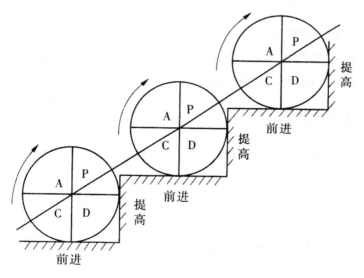

图 4-8　PDCA 循环上升示意图

④A 阶段是一个循环的关键,这一阶段的目的在于总结经验,巩固成果,找出偏差,纠正错误,以利于下一个管理循环。

4.3　工程质量统计

对工程项目进行质量控制的一个重要方法是利用质量数据和统计分析方法。通过收集和整理质量数据,进行统计分析比较,可以找出生产过程的质量规律,从而对工程产品的质量状况进行判断,找出工程中存在的问题和问题缠身的原因,然后再有针对性地找出解决问题的具体措施,从而有效解决工程中出现的质量问题,保证工程质量符合要求。

4.3.1 工程质量数据

质量数据是用以描述工程质量特征性能的数据。它是进行质量控制的基础,如果没有相关的质量数据,那么科学的现代化质量控制就不会出现。

1. 质量数据的收集

质量数据的收集总的要求应当是随机地抽样,即整批数据中每一个数据都有被抽到的同样机会。常用的方法有随机法、系统抽样法、二次抽样法和分层抽样法。

2. 质量数据的特征

为了进行统计分析和运用特征数据对质量进行控制,经常要使用许多统计特征数据。

统计特征数据主要有均值、中位数、极值、极差、标准偏差、变异系数。其中,均值、中位数表示数据集中的位置;极差、标准偏差、变异系数表示数据的波动情况,即分散程度。

3. 质量数据的分类

根据不同的分类标准,可以将质量数据分为不同的种类。

(1)按质量数据的特点分类

1)计数值数据

计数值数据是不连续的离散型数据。如不合格品数、不合格的构件数等,这些反映质量状况的数据是不能用量测器具来度量的,采用计数的办法,只能出现0、1、2等非负数的整数。

2)计量值数据

计量值数据是可连续取值的连续型数据。如长度、重量、面积、标高等质量特征,一般都是可以用量测工具或仪器等量测,一般都带有小数。

(2)按质量数据收集的目的分类

1)控制性数据

控制性数据一般是以工序作为研究对象,是为分析、预测施工过程是否处于稳定状态而定期随机地抽样检验获得的质量数据。

2)验收性数据

验收性数据是以工程的最终实体内容为研究对象,以分析、判断其质量是否达到技术标准或用户的要求,而采取随机抽样检验获取的质量数据。

4. 质量数据的波动

在工程施工过程中常可看到在相同的设备、原材料、工艺及操作人员条件下,生产的同一种产品的质量不同,反映在质量数据上,即具有波动性,其影响因素有偶然性因素和系统性因素两大类。

(1)偶然性因素造成的质量数据波动

偶然性因素引起的质量数据波动属于正常波动,偶然因素是无法或难以控制的因素,所造成的质量数据的波动量不大,没有倾向性,作用是随机的,工程质量只有偶然因素影响时,生产才处于稳定状态。

(2)系统性因素造成的质量数据波动

由系统因素造成的质量数据波动属于异常波动,系统因素是可控制、易消除的因素,这类因素不经常发生,但具有明显的倾向性,对工程质量的影响较大。

质量控制的目的就是要找出出现异常波动的原因,即系统性因素是什么,并加以排除,使质量只受随机性因素的影响。

4.3.2　质量控制的统计方法

在质量控制中常用的数学工具及方法主要有以下几种。

1. 排列图法

排列图法又叫做巴雷特法、主次排列图法,主要是用来分析各种因素对质量的影响程度,是分析影响质量主要问题的有效方法。如图 4-9 所示为排列图,纵坐标为 N,N 为频数,根据频数的大小可以判断出主次影响因素:累计频率 $0\sim80\%$ 的因素为主要因素,$80\%\sim95\%$ 为次要因素,$95\%\sim100\%$ 为一般因素。将众多的因素进行排列,主要因素就会令人一目了然,如图 4-10 所示。

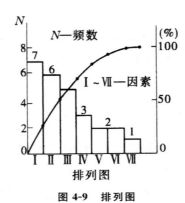

图 4-9　排列图

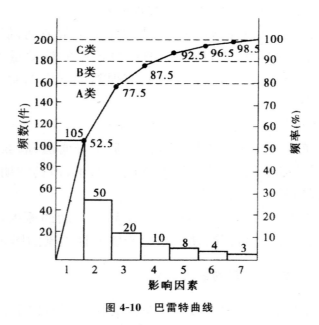

图 4-10　巴雷特曲线

2. 直方图法

直方图法又叫做频率分布直方图,用来分析质量的稳定程度。它们通过抽样检查,将产品质量频率的分布状态用直方图形来表示,根据直方图形的分布形状,以质量指标均值 $\bar{x}$、标准差 S 和代表质量稳定程度的离差系数或其他指标作为判据、探索质量分布规律,分析和判断整个生产过程是否正常。

例如,如图 4-11 所示,若以工程能力指数 C_P 作判据,$C_P = \frac{T}{6S}$,其中 T 为质量指标的允许范围。则有:

①$C_P > 1.33$,说明质量充分满足要求,但有超标准浪费。

②$C_P = 1.33$,理想状态,生产稳定。

③$1 < C_P < 1.33$,较理想,但应加强控制。

④$C_P \leqslant 1$,不稳定,应找出原因,采取措施。

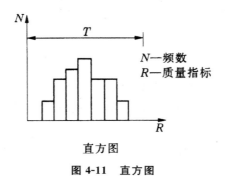

直方图

图 4-11　直方图

(1)直方图的分布形式

直方图主要有六种分布形式,如图 4-12 所示。

①锯齿型,如图 4-12(a)所示,通常是由于分组不当或是组距确定不当而产生的。

②正常型,如图 4-12(b)所示,说明产品生产过程正常,并且质量稳定。

③绝壁型,如图 4-12(c)所示,一般是剔除下限以下的数据造成的。

④孤岛型,如图 4-12(d)所示,一般是由于材质发生变化或他

人临时替班所造成的。

⑤双峰型,如图 4-12(e)所示,主要是将两种不同的设备或工艺的数据混在一起所造成的。

⑥平顶型,如图 4-12(f)所示,生产过程中有缓慢变化的因素是产生这种分布形式的主要原因。

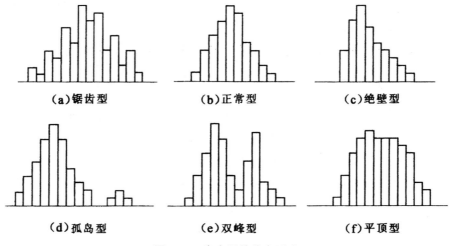

(a)锯齿型   (b)正常型   (c)绝壁型

(d)孤岛型   (e)双峰型   (f)平顶型

图 4-12　直方图的分布形式

(2)使用直方图需要注意的问题

①直方图是一种静态的图像,因此不能够反映出工程质量的动态变化。

②画直方图时要注意所参考数据的数量应大于 50 个数据。

③直方图呈正态分布时,可求平均值和标准差。

④直方图出现异常时,应注意将收集的数据分层,然后画直方图。

3. 控制图法

控制图也可以叫做管理图,用以进行适时的生产控制,掌握生产过程的波动状况。如图 4-13 所示,控制图的纵坐标是质量指标,有一根中心线 C 代表质量的平均指标,一根上控制线 U 和一根下控制线 L,代表质量控制的允许波动范围。横坐标为质量检查的批次(时间)。将质量检查的结果,按批次(时间)点绘在图上,可以看出生产过程随时间变化而变化的质量动态,即反映生产过程中各个阶段质量波动状态的图形,如图 4-14 所示。如果工程质量出现问题就可以通过管理图发现,进而及时制定措施进行处理。

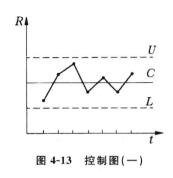

图 4-13　控制图(一)

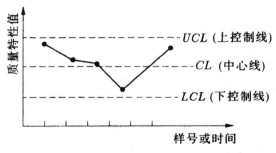

图 4-14　控制图(二)

4. 因果分析图法

因果分析图也叫鱼刺图、树枝图,这是一种逐步深入研究和讨论质量问题的图示方法,如图 4-15 所示。

根据排列图找出主要因素(主要问题),用因果分析图探寻问题产生的原因。这些原因,通常不外乎人、机器、材料、方法、环境等五个方面。这些原因有大有小。在一个大原因中,还有中原因、小原因,把这些原因按照大小顺序分别用主干、大枝、中枝、小枝来一一列出,如鱼刺状,并框出主要原因(主要原因不一定是大原因),根据主要原因,制定出相应措施,如图 4-16 所示。

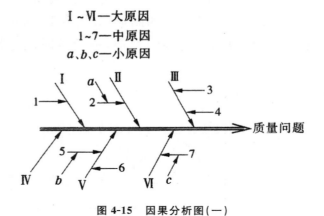

图 4-15 因果分析图(一)

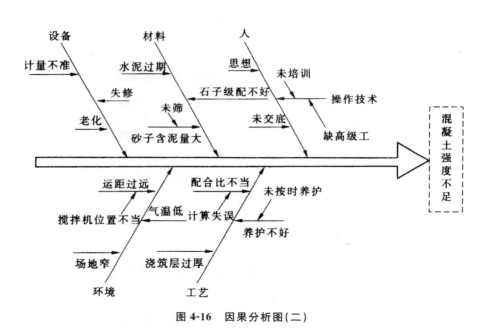

图 4-16 因果分析图(二)

5. 相关图法

产品质量与影响质量的因素之间具有一定的联系,但不一定是严格的函数关系,这种关系叫做相关关系。相关图又称为散布图,就是用来分析影响原因之间的相关关系。纵坐标代表某项质量指标,横坐标代表影响质量的某种原因。

相关图的形式有强正相关、弱正相关、不相关、强负相关、弱负相关和非线性相关几种形式,如图 4-17(a)、(b)、(c)、(d)、(e)、(f)。此外还有调查表法、分层法等。

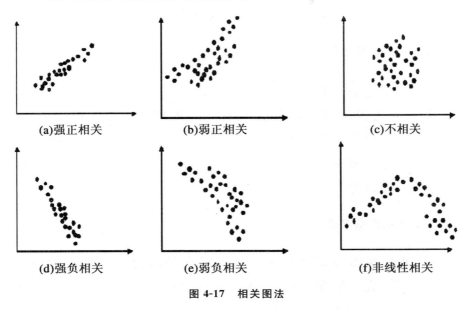

图 4-17 相关图法

4.4 工程质量事故分析处理

工程建设项目的事故是很难完全避免的。因此,必须加强组织措施、经济措施和管理措施,严防事故发生,对发生的事故应调查清楚,按有关规定进行处理。

4.4.1 工程质量事故的分类及处理职责

凡水利工程在建设中或完工后,由于设计、施工、监理、材料、设备、工程管理和咨询等方面造成工程质量不符合规程、规范和合同要求的质量标准,影响工程的使用寿命或正常运行,一般需作补救措施或返工处理的,统称为工程质量事故。

日常所说的事故大多指施工质量事故。各门类、各专业工程,各地区、不同时期界定建设工程质量事故的标准尺度不一,既可以按照对工程的耐久性和正常使用的影响程度来进行划分,也可以按照对工期影响时间的长短以及直接经济损失的大小进行划分。大多数情况下是按照经济损失严重程度进行质量事故的划分。

1. 一般质量事故

一般质量事故是指由于质量低劣或达不到合格标准,需加固补强,且对工程造成一定的经济损失,经处理后不影响正常使用、不影响工程使用寿命的事故。经济损失一般在 5000～50000 元范围之内。一般质量事故由相当于县级以上建设行政主管部门负责牵头进行处理。

2. 严重质量事故

严重质量事故是指对工程造成较大经济损失或延误较短工期。经济损失一般在 50000～100000 元范围之内,延误工期包括工程建筑物结构不符合设计要求,发生倾斜、偏移或者裂缝等存在安全隐患的现象;发生结构强度不足,产生沉降等现象。若是发生的事故导致严重后果也可属于严重质量事故,包括造成 2 人以下重伤或者事故性质恶劣。严重质量事故由县级以上建设行政主管部门负责牵头组织处理。

3. 重大质量事故

重大质量事故是指对工程造成特大经济损失,一般在 100000 元以上;或者是发生工程建筑物倒塌或报废;或者是由于工程的质量事故造成 3 人以上的人员重伤或者发生人员死亡都属于此列。

4.4.2 工程质量问题原因分析

工程质量问题表现形式千差万别,类型多种多样。但最基本的还是人、机械、材料、工艺和环境几方面的因素。一般可分为直接原因和间接原因。

直接原因主要有人的行为不规范和材料、机械的不符合规定要求。

①人的行为不规范,如设计人员不按规范设计,不经可行性论证,未做调查分析就拍板定案;没有搞清工程地质情况就仓促开工;监理人员不按规范进行监理;施工人员违反操作规程等,都属于人的行为不规范。

②建筑材料及制品不合格。又如水泥、钢材等某些指标不合格,皆属于此列。

间接原因是指质量事故发生地的环境条件,如施工管理混乱,质量检查监督失职,质量保证体系不健全等。其主要表现为:

①图纸未经审查或不熟悉图纸,盲目施工。

②未经设计部门同意擅自修改设计或不按图施工。

③不按有关的施工质量验收规范和操作过程施工。

④缺乏基本结构知识,蛮干施工。

⑤施工管理紊乱,施工方案考虑不周,施工顺序错误,技术交底不清,违章作业,疏于检查、验收等,均可能导致质量问题。

间接原因往往导致直接原因的发生。

还要注意自然条件的影响,水和温度的变化对工程建筑物的材料影响很大,在高温、狂风、暴雨、雷电等恶劣环境下,材料可能会发生损坏,成为导致工程质量事故发生的诱因,要特别加以注意。

4.4.3　工程质量问题处理程序

工程质量问题出现后,一般可以按以下程序进行处理,如图4-18所示。

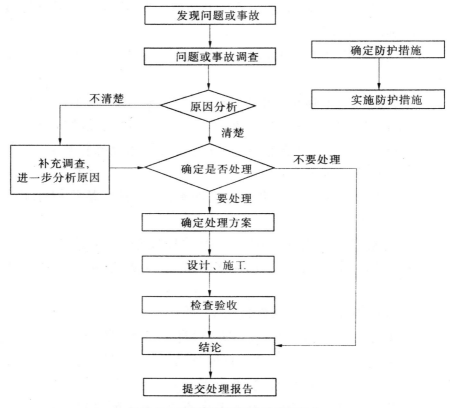

图 4-18　工程质量问题分析处理程序

4.4.4　质量事故处理方案的确定

1. 事故处理的目的

工程质量事故分析与处理的目的主要是正确分析事故原因，防止事故恶化；创造正常的施工条件；排除隐患，预防事故发生；总结经验教训，区分事故责任；采取有效的处理措施，尽量减少经济损失，保证工程质量。

2. 事故处理的原则

质量事故发生后，应坚持"三不放过"的原则，即事故原因不查清不放过，事故主要责任人和职工未受到教育不放过，补救措施不落实不放过。

发生质量事故,应立即向有关部门(业主、监理单位、设计单位和质量监督机构等)汇报,并提交事故报告。

由质量事故而造成的损失费用,坚持事故责任是谁就由谁承担的原则。若责任在施工承包商,则事故分析与处理的一切费用由承包商自己负责;施工中事故责任不在承包商,则承包商可依据合同向业主提出索赔;若事故责任在设计或监理单位,应按照有关合同条款给予相关单位必要的经济处罚;构成犯罪的,移交司法机关处理。

3. 事故处理方案

质量事故处理方案,应当在正确分析和判断事故产生原因的基础上确定。通常可以根据质量问题的情况,确定以下三类不同性质的处理方案。

(1)修补处理

适用于工程的某些部分的质量虽未达到规定的规范、标准或设计要求,存在一定的缺陷,但通过修补可以不影响工程的外观和正常使用的质量事故。

(2)返工处理

当工程质量严重违反规范或标准,影响工程使用和安全,而又无法通过修补的办法纠正所出现的缺陷时,必须返工。

(3)限制使用

当工程质量问题按修补方案处理无法达到规定的使用要求和安全标准,而又无法返工处理时,不得已时可以作出诸如结构卸荷或减荷以及限制使用的决定。

4.5　工程质量验收与评定

4.5.1　工程质量评定

1. 质量评定的意义

工程质量评定,是依据国家或部门统一制定的现行标准和方法,对照具体施工项目的质量结果,确定其质量等级的过程。水利工程按《水利水电工程施工质量检验与评定规程》(SL1762007)(以下简称《检验与评定规程》)执行。不仅能够将评定的标准和方法进行统一,以便工程建设单位有据可查,还可以准确对工程质量进行评价,对各个企业的技术水平进行一个考核与对比,促进企业间的良性竞争,为企业提高建筑工程的质量提供依据。

工程质量评定以单元工程质量评定为基础,其评定的先后次序是单元工程、分部工程和单位工程。

工程质量的评定在施工单位(承包商)自评的基础上,由建设(监理)单位复核,报政府质量监督机构核定。

2. 评定依据

水利工程施工项目质量管理评定主要是依靠如图 4-19 所示的标准和规范来进行。

水利工程施工项目质量管理评定依据
{
①国家与水利水电部门有关行业规程、规范和技术标准
②经批准的设计文件、施工图纸、设计修改通知、厂家提供的设备安装说明书及有关技术文件
③工程合同采用的技术标准
④工程试运行期间的试验及观测分析成果
}

图 4-19　水利工程施工项目质量管理评定依据

3. 评定标准

(1)单元工程质量评定标准

单元工程质量等级按《检验与评定规程》进行。当单元工程质量达不到合格标准时,必须及时处理,其质量等级按如图 4-20 所示的评定标准进行确定。

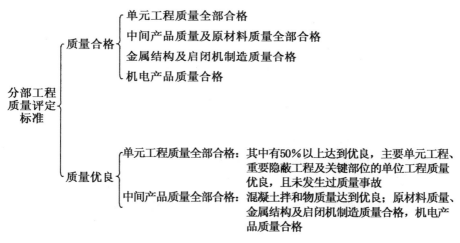

图 4-20　单元工程质量评定标准

（2）分部工程质量评定标准

分部工程质量的等级可以分为合格和优良有个等级，其各自的评定标准条件如图 4-21 所示。

分部工程质量评定标准

质量合格
- 单元工程质量全部合格
- 中间产品质量及原材料质量全部合格
- 金属结构及启闭机制造质量合格
- 机电产品质量合格

质量优良
- 单元工程质量全部合格：其中有50%以上达到优良，主要单元工程、重要隐蔽工程及关键部位的单位工程质量优良，且未发生过质量事故
- 中间产品质量全部合格：混凝土拌和物质量达到优良；原材料质量、金属结构及启闭机制造质量合格，机电产品质量合格

图 4-21　分分部工程质量评定标准

（3）单位工程质量评定标准

单位工程质量评定的等级也分为合格和优良两个等级，各自的评定标准条件如图 4-22 所示。

（4）工程质量评定标准

单位工程质量全部合格，工程质量可评为合格；若其中 50% 以上的单位工程优良，且主要建筑物单位工程质量优良，则工程质量可评优良。

```
                    ┌─ ①分部工程质量全部合格
                    │
                    │  ②中间产品质量及原材料质量全部合格
                    │    金属结构及启闭机制造质量合格
              质量合格│    机电产品质量合格
                    │
                    │  ③外观质量得分率达70%以上
                    │
                    └─ ④施工质量检验资料基本齐全
单位工程质量┤
评定标准   │
                    ┌─ ①分部工程质量全部合格：其中有50%以上达到优良，主要分部工
                    │                    程质量优良，且未发生过重大质量事故
                    │
                    │  ②中间产品质量全部合格：混凝土拌和物质量达到优良，原材料质
              质量优良│                    量、金属结构及启闭机制造质量合格机
                    │                    电产品质量合格
                    │
                    │  ③外面质量得分率达85%以上
                    │
                    └─ ④施工质量检验资料齐全
```

图 4-22 单位工程质量评定标准

4.5.2 工程质量验收

1. 工程验收的主要工作

（1）分部工程验收的主要工作

分部工程验收是指在工程尚未完工前，发包人在完全自主决定的情况下，根据合同进度计划规定的或需要提前使用尚未全部完工的某项工程时，发包人接受此部分工程前的交工验收。

（2）阶段验收的主要工作

根据工程建设需要，当工程施工完成到了里程碑标志的工程和进度，工程建设达到一定关键阶段（如基础处理完毕、截流、水库蓄水、机组启动、输水工程通水等）时，这时进行的验收叫阶段工程验收。阶段验收的主要工作：检查已完工程的质量和形象面貌；检查在建工程建设情况；检查待建工程的计划安排和主要技术措施落实情况，以及是否具备施工条件；检查拟投入使用工程是否具备运用条件；对验收遗留问题提出处理要求。

（3）完工验收的主要工作

完工验收应具备的条件是所有分部工程已经完建并验收合

格。完工验收的主要工作:检查工程是否按批准设计完成;检查工程质量,评定质量等级,对工程缺陷提出处理要求;对验收遗留问题提出处理要求;按照合同规定,施工单位向项目法人移交工程。

(4)竣工验收的主要工作

工程在投入使用前必须通过竣工验收。竣工验收应在全部工程完建后3个月内进行。进行验收确有困难的,经工程验收主持单位同意,可以适当延长期限。竣工验收应具备以下条件。

①已完成了合同范围内的全部单位工程以及有关的工作项目。工程已按批准设计规定的内容全部建成且能正常运行。

②历次验收所发现的问题已基本处理完毕。

③备齐了符合合同要求的竣工资料。

a. 永久工程竣工图。

b. 列入保修期的尾工工程项目清单。

c. 未完成的缺陷修复清单。

d. 施工期的观测资料。

e. 竣工报告、施工文件、施工原始记录,以及其他资料。

④工程建设征地补偿及移民安置等问题已基本处理完毕,工程主要建筑物安全保护范围内的迁建和工程管理土地征用已经完成。

⑤工程投资已经全部到位。

⑥竣工决算已经完成并通过竣工审计。

⑦监理工程师做工程验收准备。当合同中规定的工程项目基本完工时,监理工程师应在承包人提出竣工验收申请报告之前,组织设计、运行、地质和测量等有关人员检查工程建设和运行情况;协调处理有关问题;讨论并通过《竣工验收鉴定书》,并核对准备提交的竣工资料等,做好验收准备工作。

⑧承包人应提前21天提交竣工验收申请报告,并附竣工资料。

⑨监理工程师收到报告后审核其报告,并在14天内进行竣

工验收。如发现工程有重大缺陷,可拒绝或推迟进行验收。处理完成后,达到监理工程师满意时,重新提交申请,进行审核,并进行竣工验收。

⑩监理工程师验收完毕,应在收到申请报告后 28 天内签署工程接收证书。从此发包人接收了工程,并承担起工程照管的责任。

2. 缺陷通知期限期满前的检验

缺陷通知期限期满前的检验是指在缺陷通知期限期满全部工程最终移交给发包人之前,监理工程师对承包人完成的未移交工程尾工和修补工程缺陷进行的交工检验。

该期间的工程的收尾工作、机电设备的安装、维护和修补项目应逐一让监理工程师检验直至合格。假若承包人在缺陷通知期限期间所有的项目任务已完成,并且其工程质量全部符合合同规定时,整个工程缺陷通知期限期满后 28 天内,由监理工程师签署和颁发履约证书。此时才应认为承包人的义务已经完成。

第5章　水利工程建设项目施工进度管理

施工管理水平对于缩短建设工期，降低工程造价，提高施工质量，保证施工安全至关重要。因此，在对水利工程的施工管理中，对项目进度的管理也是一项非常重要的内容。在现代工程管理理念中，进度已具有更为宽泛的含义，根据实施过程中反馈的信息调整原来的控制目标，通过施工项目的计划、组织、协调与控制，实现施工管理的目标。

5.1　施工进度管理概述

施工管理水平对于缩短建设工期，降低工程造价，提高施工质量，保证施工安全至关重要。施工管理工作涉及施工、技术、经济等活动。其管理活动是从制定计划开始，通过计划的制定，进行协调与优化，确定管理目标；然后在实施过程中按计划目标进行指挥、协调与控制；根据实施过程中反馈的信息调整原来的控制目标，通过施工项目的计划、组织、协调与控制，实现施工管理的目标。

5.1.1　进度的概念

进度是指工程施工项目的事实过程中具体的进展情况，具体包括在项目实施过程中需要消耗的时间、劳动力、成本等。[①]当然，项目实施结果应该以项目任务的完成情况，如工程的数量来表达。但是在实际操作中，很难找到一个恰当的指标来反应工程进度，因为工程实物进度已不只是传统的工期控制，而且还将工

---

① 祁丽霞．水利工程施工组织与管理实务研究[M]．北京：中国水利水电出版社，2014.

期与工程实物、成本、劳动消耗、资源等统一起来。

5.1.2 进度指标

进度控制的基本对象是工程活动,它包括项目结构图上各个层次的单元,上至整个项目,下至各个工作包。项目进度指标的确定对项目工程的进度表达、计算和控制都会有重要的影响。由于一个工程有不同的子项目、工作包,因此必须挑选一个共同的、对所有工程活动都适用的计量单位。

1. 持续时间

持续时间是进度的重要指标。例如计划工期 2 年,现已经进行了 1 年,则工期已达 50%。一个工程活动,计划持续时间为 30 天,现已经进行了 15 天,则已完成 50%。但通常还不能说工程进度已达 50%,因为工期与人们通常概念上的进度是不一致的,工程的实际效率往往低于计划效率。

2. 资源消耗指标

资源消耗包括劳动工时、机械台班、成本的消耗等。资源消耗有较强的可比性,但在实际工程中要注意投入资源数量和进度有时会产生背离,同时实际工作和计划常有差别,这样可以统一精度指标分析尺度。

5.1.3 进度控制原理

1. 动态控制原理

施工进度控制是一个不断进行的动态控制,也是一个循环进行的过程,如图 5-1 所示。当实际进度按照计划进度进行时,两者相吻合;若不一致时,便产生超前或落后的偏差。

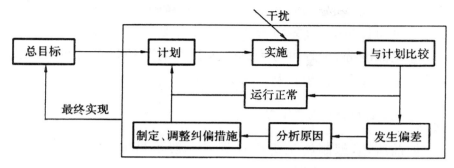

图 5-1 施工进度动态控制原理图

2. 系统原理

施工项目在具体的进度计划中,由于过程中总是发生着变化,而且实施各种进度计划和施工组织系统都是为了努力完成一个个任务。此外,为了保证施工进度实施,还需要一个施工进度的检查控制系统。不同层次人员负有不同进度控制职责,分工协作形成一个纵横连接的施工项目控制组织系统。实施是计划控制的落实,控制保证计划按期完成。

3. 信息反馈原理

信息反馈是施工项目进度控制的主要环节。通过将施工过程中的信息反馈给各级负责人员,经比较分析后作出决策,调整进度计划,才能保证施工过程符合预定工期目标。

5.2 施工进度计划的编制与实施

5.2.1 施工进度计划的编制

1. 施工进度计划的分类

施工进度计划是在确定工程施工目标工期的基础上,根据不同的划分标准,施工进度计划可以分为不同的种类。按照计划内容分,施工进度可分为目标性时间计划与支持性资源进度计划。按计划时间长短分,计划可分为总进度计划与阶段性计划。若按不同进化深度分,计划可分为总进度计划与分项进度计划。它们组成一个相互关联、相互制约的计划系统。

2. 施工进度计划的表示方法

如前所述,编制施工进度计划时一般可借助两种方式,即文字说明与各种进度计划图表。

(1)横道图

横道图又称甘特图(Gantt chart),是应用广泛的进度表达方式。横道图控制法的优点是形象、简单。运用横道图控制法时,能够使每项工作的起止时间均可由横道线的两个端点来得以表示,如图 5-2 所示。

项次	工 程 项 目	持续时间/天	第一年				第二年							
			9	10	11	12	1	2	3	4	5	6	7	8
1	基坑土方开挖	30	▬											
2	C10 混凝土垫层	20		▬										
3	C25 混凝土闸底板	30			▬									
4	C25 混凝土闸墩	55				▬								
5	C40 混凝土闸上公路桥板	30							▬					
6	二期混凝土	25							▬					
7	闸门安装	15							▬					
8	底槛、导轨等埋件安装	20						▬						

图 5-2 某水闸工程施工进度计划横道图

(2)工程进度曲线

S 形曲线是以时间为横轴,以完成累计工作量为纵轴,按计划时间累计完成任务量的曲线作为预定的进度计划。从整个项目的实施进度来看,由于项目的初期和后期进度比较慢,因而进度曲线大体呈 S 形,如图 5-3 所示。

通过比较可以获得如下信息:

①实际工程进展速度。

②进度超前或拖延的时间。

③工程量的完成情况。

④后续工程进度预测。

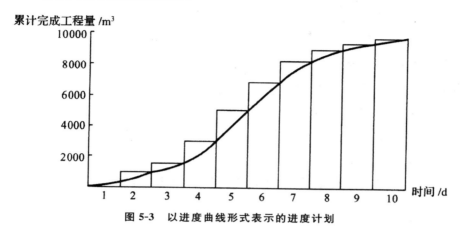

图 5-3　以进度曲线形式表示的进度计划

5.2.2　施工进度计划的实施

施工进度计划的实施就是施工活动的开展,利用施工进度计划指导施工活动、落实和完成计划。为了保证施工进度计划的实施,应做好如下工作:

1. 施工进度计划的审核

施工项目经理应进行施工进度计划的审核,其主要内容包括:

①施工顺序安排是否符合施工程序的要求。

②施工进度计划中的内容是否有遗漏,分期施工是否满足分批交工的需要和配套交工的要求。

③各项保证进度计划实现的措施的设计是否周到、可行、有效。

2. 施工进度计划的贯彻

施工项目的所有施工进度计划,包括施工总进度计划、单位工程施工进度计划、分部分项工程施工进度计划,都是围绕一个总任务编制的。因此,在实施施工进度计划前,要检查各层次的计划,形成严密的计划保证系统。同时,要层层明确责任,进行计划的交底,促进计划的全面,使计划得到全面、彻底的实施。

3. 施工项目进度计划的实施

为了实施施工计划,对于规定的任务,要结合现场施工条件,编制月(旬)作业计划,实行签发施工任务书,做好施工进度记录,填好施工进度统计表,掌握计划实施情况,协调各方面关系,加强各薄弱环节,实现动态平衡,保证完成作业计划和实现进度目标。

5.3 施工进度计划的检查与调整方法

5.3.1 施工进度计划的检查

在施工项目的实施过程中,为了进行进度控制,进度控制人员应经常地收集施工进度材料,进行统计整理和对比分析,确定实际进度与计划进度之间的关系,其主要工作包括:

①跟踪检查施工实际进度。保证汇报资料的准确性,进度控制人员要经常到现场查看施工项目的实际进度情况,从而保证经常地、定期地准确掌握施工项目的实际进度。

②对比实际进度与计划进度。通过使用横道图比较法、S形曲线比较法、"香蕉"形曲线比较法、前锋线比较法和列表比较法等,将收集整理的资料与施工项目实际进度进行比较。

③施工进度检查结构的处理。通过检查应向企业提供的施工进度控制报告,对施工项目经理及各级业务职能负责人的最简单的书面形式报告。

5.3.2 施工实际进度与计划进度的比较方法

1. 横道图比较法

横道图比较法就是将在项目实施中针对工作任务检查实际

进度收集的信息,经整理后直接用横道线并列标于原计划的横道线一起,进行直观比较的方法,如图 5-4 所示。

工作名称	持续时间/周	进度计划/周															
		1	2	3	4	5	6	7	8	9	10	11	12	13	14	15	16
挖土方	6																
做垫层	3																
支模板	4																
绑钢筋	5																
混凝土	4																
回填土	5																
							计划进度			▲ 检查日期							
							实际进度										

图 5-4　横道图比较法

横道图比较法是人们在施工中进行施工项目进度控制经常采用的一种简单方法。为了比较方便,一般用它们实际完成量的累计百分比与计划应完成量的累计百分比进行比较。根据施工进度控制要求和提供的进度信息,调整施工进度计划可以采用以下几种方法:

(1)匀速施工横道图比较法

匀速进展是指在施工项目中,每项工作在单位时间内完成的任务量都是相等的。此时,每项工作累计完成的任务量与时间呈线性关系,如图 5-5 所示。

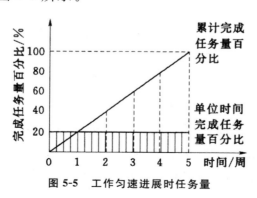

图 5-5　工作匀速进展时任务量

这种方法的前提条件是施工速度保持不变,如果速度是变化的,这种方法就不能用来比较计划进与时间关系曲线度和实际进度。比较分析实际进度与计划进度,如图 5-6 所示。

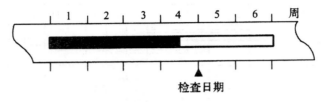

图 5-6 匀速施工横道图比较法

必须指出:涂黑的粗线右端与检查日期相重合,表明实际进度与施工计划进度相一致。若涂黑的粗线右端在检查日期左侧,表明实际进度拖后。若在右侧,表明实际进度超前。

(2)双比例单侧横道图比较法

双比例单侧横道图比较法是在工作的进度按变速进展的情况下,工作实际进度与计划进度进行比较的一种方法。当工作在不同的单位时间里的工作进展速度不同时,累计完成的任务量与时间的关系不是呈直线变化的。它是将工作实际进度用涂黑粗线表示,同时在其上标出某对应时刻完成任务的累计百分比,如图 5-7 所示。

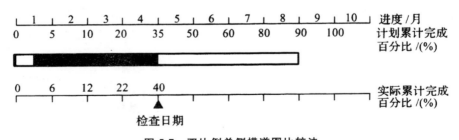

图 5-7 双比例单侧横道图比较法

例 5.1 某施工项目中的基槽开挖工作按施工进度计划安排需要 7 周完成,每周计划完成的任务量百分比如图 5-8 所示。

解:①编制横道图进度计划,如图 5-8 所示。

②在横道线上方标出基槽开挖工作每周计划累计完成任务量的百分比,分别为 10%、25%、45%、65%、80%、90% 和 100%。

③在横道线下方标出第 1 周至检查日期(第 4 周)每周实际累计完成任务量的百分比,分别为 8%、27%、42%、58%。

④从图 5-8 中可知,工作按期开工。

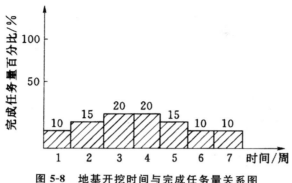

图 5-8　地基开挖时间与完成任务量关系图

⑤比较实际进度与计划进度。从图中可以看出,该工作在第一周实际进度比计划进度拖后 2%,第二周超前 2%,以后各周末累计拖后分别为 3% 和 7%。

这种比较法不仅可对施工速度变化的进度进行比较,而且可对检查日期进度进行比较,还能提供某一指定时间二者比较的信息。

(3)双比例双侧横道图比较法

双比例双侧横道图比较法也适用于工作进度按变速进展的情况,是将工作实际进度与计划进度进行比较的一种方法。双比例双侧横刀法是将工作实际进度用涂黑粗线表示并将检查的时间和完成的累计百分比交替地绘制在计划横道线上下两面,其长度表示该时间内完成的任务量。通过两个上下相对的百分比相比较,判断该工作的实际进度与计划进度之间的关系,如图 5-9 所示。

综上所述,横道图比较法具有记录、比较方法简单,形象直观,容易掌握,被广泛地用于简单的进度监测工作中。但是,由于它以横道图进度计划为基础,因此带有其不可克服的局限性,一旦某些工作进度产生偏差,就难以预测其对后续工作的影响及难以确定调整方法。

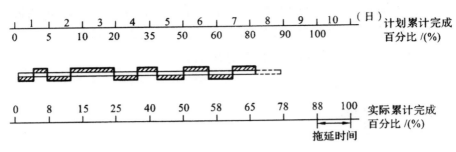

图 5-9　双比例双侧横道图比较法

2. 前锋线比较法

施工进度计划用时标网络计划表达时,还可以采用实际进度前锋线进行实际进度与计划进度的比较。前锋线比较与工作箭线交点的位置判定施工实际进度与计划进度偏差的方法。

若前锋线为直线,则表示到检查点处进度正常;若前锋线为凹凸线,则表示到检查点处进度出现异常,其中,左凸表示进度滞后,右凸表示进度超前,两者均属异常。简言之,前锋线比较法是通过施工项目实际进度前锋线,判定施工实际进度与计划进度偏差的方法。

例 5.2　根据项目导航中案例条件及图 5-10 中时标网络图成果,判断各项工作对工期的影响。

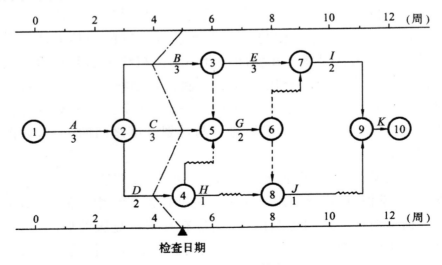

图 5-10　前锋线比较法

解: (1)根据实际进度绘制前锋线,第 6 周为检查日期。

(2)进行比较,得出结论。

①具体工作的实际进度点落在检查日期左侧,说明该工作实际进度拖后。

②具体工作的实际进度点与检查点重合,说明该工作实际进度与计划进度一致。

③具体工作的实际进度点落在检查日期右侧,说明该工作实际进度超前。

(3)针对该网络计划,其结论如下:

①工作 C 在第 6 周应全部完成,但从图中可知,它的实际进度点落在检查点左侧,说明该工作的实际进度拖后 1 周。

②工作 D 在第 6 周应当完成一半,图中显示检查点与实际进度点重合,所以 D 工作进度合适。

③工作 E 在第 6 周应完成一半,但图中显示 E 工作已全部完成,其实际进度点落在检查点的右侧,说明该工作超前 1 周。

3. S 形曲线线比较法

S 形曲线比较法是以横坐标表示进度时间,纵坐标表示累计完成任务量,绘制出一条按计划时间累计完成任务量的曲线。在整个施工过程中,开始和结尾阶段单位时间投入的资源量较少,中间阶段单位时间投入的资源量较多。所以随时间发展的累计完成的任务量,该施工过程呈现 S 形变化,如图 5-11 所示。

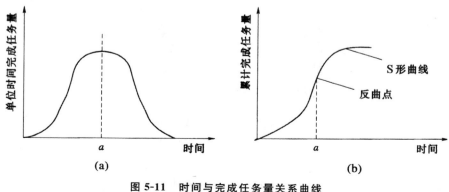

图 5-11　时间与完成任务量关系曲线

（1）S形曲线绘制方法

例 5.3 某混凝土工程的浇筑总量为 2000m³，按照施工方案，计划 9 个月完成，每月计划完成的混凝土浇筑量如图 5-12 所示，绘制该混凝土工程的计划 S 形曲线。

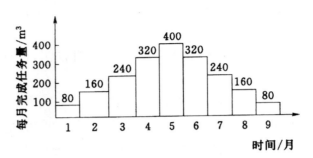

图 5-12 时间与每月完成任务量关系曲线

解：（1）参照图形中给定每月完成任务量，确定单位时间完成任务量，并填在表 5-1 中。

（2）计算不同时间累计完成任务量，也绘制在表 5-1 中。

表 5-1 完成任务量汇总表

时间/月	1	2	3	4	5	6	7	8	9
每月完成任务量/m³	80	160	240	320	400	320	240	160	80
累计完成任务量/m³	80	240	480	800	1200	1520	760	1920	2000

（3）根据累计完成任务量绘制 S 形曲线，如图 5-13 所示。

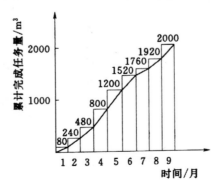

图 5-13 某工程 S 形曲线

（2）实际进度与计划进度比较

S 形曲线比较法是以横坐标表示进度时间,纵坐标表示累计完成任务量,而绘制出一条按计划时累计完成任务量的 S 形曲线,如图 5-14 所示。

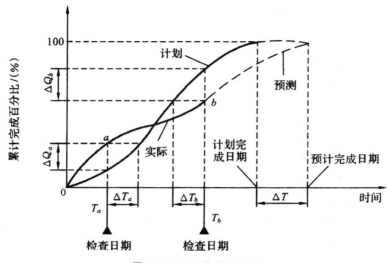

图 5-14　S 形曲线比较法

从整个施工项目的施工全过程而言,施工项目实际完成速度可以通过项目实际工程工作量来确定。S 形曲线是随时间进展累积完成的任务量的变化而成的。比较两条 S 形曲线可以得到如下信息:

①项目实际进度比计划进度超前或拖后的时间,如图 5-14 所示,ΔT_a 表示 T_a 时刻实际进度超前的时间;ΔT_b 表示 T_b 时刻实际进度拖后的时间。

②项目实际进度比计划进度超前或拖后的任务量,如图 5-14 所示,ΔQ_a 表示 T_a 时刻,实际完成的工作量是计划工程量要超前;ΔQ_b 表示在 T_b 时刻拖后的任务量。

③预测工程进度。如图 5-14 所示,前提是按照当前的施工进度进行工程施工,那么后期工程按原计划速度进行,则工程拖延预测值为 ΔT。

4."香蕉"形曲线比较法

香蕉形曲线是由两条以同一开始时间、同一结束时间的 S 形曲线组合而成的。其中一条 S 形曲线是按最早开始时间安排进度所绘制的 S 形曲线,简称 ES 曲线;而另一条 S 形曲线是按最迟开始时间安排进度所绘制的 S 形曲线,简称 LS 曲线。除了项目的开始和结束点外,ES 曲线在 LS 曲线上方。在施工过程中,同一时刻两条曲线所对应完成的工作量是不同的。理想的状况是任一时刻的实际进度在两条曲线所包区域内的曲线尺,如图 5-15 所示。

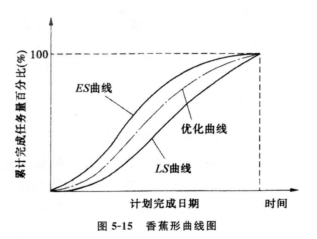

图 5-15 香蕉形曲线图

利用香蕉曲线可以对后期工程的进展情况进行预测。例如,在图 5-16 所示的香蕉曲线中,该工程项目在检查日实际进度超前。检查日期之后的后期工程进度安排如图中虚线所示,预计该工程项目将提前完成。

香蕉曲线是以工作按最早开始时间安排进度和按最迟开始时间安排进度分别绘制的两条 S 曲线组合而成的。香蕉形曲线的绘制步骤如下。

(1)计算时间参数

在项目的网络计划基础上,确定项目数目 n 和检查次数 m,计算项目工作的时间参数 ES_i、$LS_i(i=1,2,\cdots,n)$。

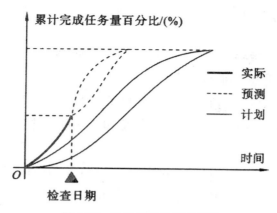

图 5-16　工程进展趋势预测图

（2）确定在不同时间计划完成工程量

以项目的最早时标网络计划确定工作在各单位时间的计划完成工程量 q_{ij}^{ES}，即第 i 项工作按最早开始时间开工，第 j 时段内计划完成的工程量（$1 \leqslant i \leqslant n; 0 \leqslant j \leqslant m$）；以项目的最迟时标网络计划确定工作在各单位时间的计划完成工程量 q_{ij}^{LS}，即第 i 项工作按最迟开始时间开工，第 j 时段内计划完成的工程量（$1 \leqslant i \leqslant n; 0 \leqslant j \leqslant m$）。

（3）计算项目总工程量 Q

$$Q = \sum_{i=1}^{n} \sum_{j=1}^{m} q_{ij}^{ES} \tag{5-1a}$$

$$Q = \sum_{i=1}^{n} \sum_{j=1}^{m} q_{ij}^{LS} \tag{5-1b}$$

（4）计算到 j 时段末完成的工程量

按最早时标网络计划计算完成的工程量 Q_j^{ES}：

$$Q_j^{ES} = \sum_{i=1} \sum_{j=1} q_{ij}^{ES} \, (1 \leqslant i \leqslant n; 0 \leqslant j \leqslant m) \tag{5-2}$$

按最迟时标网络计划计算完成的工程量为 Q_j^{LS}：

$$Q_j^{LS} = \sum_{i=1} \sum_{j=1} q_{ij}^{LS} \, (1 \leqslant i \leqslant n; 0 \leqslant j \leqslant m) \tag{5-3}$$

（5）计算到 j 时段末完成项目工程量百分比

按最早时标网络计划计算完成工程量的百分比 μ_j^{ES} 为：

$$\mu_j^{ES} = \frac{Q_j^{ES}}{Q} \times 100\% \tag{5-4}$$

按最迟时标网络计划计算完成工程量的百分比 μ_j^{LS} 为：

$$\mu_j^{LS} = \frac{Q_j^{LS}}{Q} \times 100\% \qquad (5-5)$$

（6）绘制香蕉形曲线

以 $(\mu_j^{ES}, j)(j=0,1,\cdots,m)$ 绘制 ES 曲线；以 $(\mu_j^{LS}, j)(j=0, 1,\cdots,m)$ 绘制 LS 曲线，由 ES 曲线和 LS 曲线构成项目的香蕉形曲线。

例 5.4 某工程项目网络计划图如图 5-17 所示，图中箭线上方括号内数字表示各项工作计划完成的任务量，以劳动消耗量表示；箭线下方数字表示各项工作的持续时间（周），试绘制香蕉曲线。

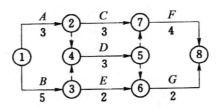

图 5-17 某工程项目网络计划

解： 假设各项工作都是匀速进行，单位时间内完成的工程量一致，及每周的劳动消耗量相等。

（1）确定各项工作的每周消耗量及劳动消耗量，见表 5-2。

表 5-2 各项工作任务量表

各项工作	A	B	C	D	E	F	G	劳动消耗总量
任务量	45	60	54	51	26	60	40	336
历时/周	3	5	3	3	2	4	2	
每周消耗量	15	12	18	17	13	15	20	

（2）利用网络计划知识可以计算出各项工作的最早开始时间和最迟开始时间，见表 5-3。

表 5-3　某网络计划各项工作最早开始时间、最迟开始时间汇总表

各项工作	A	B	C	D	E	F	G
ES	0	0	3	5	5	8	8
LS	2	0	5	5	8	8	10

　　(3)利用表 5-2 的数据分别绘制时标网络图,如图 5-18 所示。确定每周计划劳动消耗量和累计劳动消耗量,见表 5-4 和表 5-5。

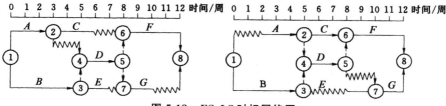

图 5-18　ES、LS 时标网络图

表 5-4　某网络计划按 ES 曲线劳动消耗量统计表

每周劳动消耗量	27	27	27	30	30	48	30	17	35	35	15	15
累计劳动消耗量	27	54	81	111	141	189	219	236	271	306	321	336

表 5-5　某网络计划按 LS 曲线劳动消耗量统计表

每周劳动消耗量	12	12	27	27	27	35	35	35	28	28	35	35
累计劳动消耗量	12	24	51	78	105	140	175	210	238	266	301	336

　　(4)根据不同时段的累计劳动消耗量绘制 ES 曲线和 LS 曲线,合成香蕉曲线,如图 5-19 所示。

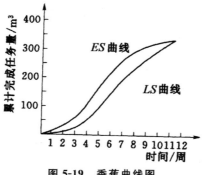

图 5-19　香蕉曲线图

5. 列表比较法

当采用无时标网络计划时也可以采用列表分析法。列表分析法是列表计算有关参数,根据原有总时差和尚有总时差判断实际进度与计划进度的比较方法,具体步骤见表 5-6。

表 5-6 列表比较法计算表

工作代号	工作名称	检查计划时尚需作业天数 T_{2i-j}	到计划最迟完成时尚有天数 T_{3i-j}	原有总时差 TF_{i-j}	尚有总时差 TF_{1i-j}
①	②	③	④	⑤	⑥
		$T_{2i-j}=D_{i-j}-T_{1i-j}$	$T_{3i-j}=LF_{i-j}-T_2$		$TF_{1i-j}=T_{3i-j}-T_{2i-j}$

注:D_{i-j}—工作 $i-j$ 的计划持续时间;T_{1i-j}—工作检查时已经进行的时间;LF_{i-j}—工作 $i-j$ 的最迟完成时间;T_2—检查时间;T_{3i-j}—至最迟完成时间的尚有时间。

例 5.5   参照图 5-20,该计划进行到第 10 周末检查实际进度时,发现 A、B、C、D、E 均已完成,F 工作只开始了 1 周,G 工作还没有开始,用列表比较法比较实际进度和计划进度。

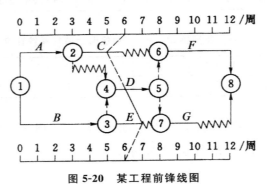

图 5-20 某工程前锋线图

解:计算结果见表 5-7。

表 5-7 工程进度检查对比表

工作代号	工作名称	检查计划时尚需作业周数	到计划最迟完成时尚有周数	原有总时差	尚有总时差
⑥→⑧	F	3	2	0	−1
⑦→⑧	G	2	2	2	0

结论：工作 F 拖后 1 周，影响工期 1 周；工作 G 拖后 2 周，但不影响工期。

5.4　进度拖延的原因分析和解决措施研究

5.4.1　进度拖延原因分析

工程项目的进度受到许许多多的因素影响，项目管理者应按预定的项目计划定期评审实施进度情况，分析并确定拖延的根本原因。进度拖延是工程项目实施过程中经常发生的现象，拖延之后赶进度，不仅使工期延误，还费财费力得不偿失。因此，在各层次的项目单元、各个阶段避免出现延误。

1. 工期及相关计划的失误

计划失误是常见的现象。人们在计划期将持续时间安排得过于乐观，包括：计划时忘记（遗漏）部分必需的功能或工作；资源或能力不足；出现了计划中未能考虑到的风险或状况；未能使工程实施达到预定的效率。在现代工程中，建设者需事先对影响进度的各种因素进行调查，预测他们对进度可能产生的影响，避免由于计划值不足而耽误工期。

2. 实施过程中管理的失误

施工过程由于业主与承包商之间缺乏沟通，或者施工者缺乏工期意识，由此项目在各个活动之间由于前提条件不足，造成拖延工程的活动。因此，任务下达时，承包商应提供足够的资金，材料不拖延，没有未完成项目计划规定的拖延，各单位有良好的信息沟通，这样能够避免施工的延期，避免造成财产的损失。

5.4.2　解决进度拖延的措施

若出现施工拖延时，可以采取积极的赶工措施，以弥补或部分地弥补已经产生的拖延。如果不采取特别的措施,在通常情况下,拖延的影响会越来越大。这是一种消极的办法,最终结果必然损害工期目标和经济效益。因此,在项目拖延后,采取措施赶工、修改网络计划等方法来解决进度拖延问题,致使经济效益不受到大是损失。

在项目拖延的情况下,可以采取以下几种措施进行赶工。

(1)重新分配资源

例如,将服务部门的人员投入生产中去,投入风险准备资源,采用加班或多班制工作。

(2)增加资源投入

例如,增加劳动力、材料、周转材料和设备的投入量。这是最常用的办法,但它会带来费用、资源增加,加剧资源控制困难等问题。

(3)减少工作范围

减少工作范围包括减少工作量或删去一些工作包(或分项工程),但这可能产生损害工程的完整性、经济性、安全性、运行效率,或提高项目运行费用和必须经过上层管理者,如投资者、业主的批准等的影响。

(4)提高劳动生产率

提高劳动生产率,但是要在加强培训,注意工人级别与工人机能的协调的前提下,在工作中实施奖赏机制,个人负责制以及目标明确,避免项目组织的矛盾,使项目小组在时间和空间上能够合理的组合和搭接,能够很好的改善工作环境和项目的公用设施。

(5)将部分任务转移

将部分任务转移,如分包、委托给另外的单位,将原计划由自己生产的结构构件改为外购等。当然这不仅有风险、产生新的费用,而且需要增加控制和协调工作。

通常,A_1、A_2两项工作如果由两个单位分包按次序施工,如图 5-21 所示,则持续时间较长。而如果将它们合并为 A,由一个

单位来完成,则持续时间就可大大缩短。其原因如下:

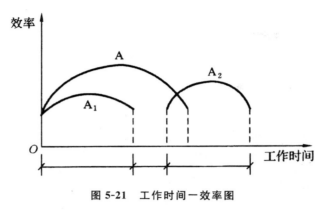

图 5-21　工作时间-效率图

①两个单位分别负责,中间有一个对 A_1 工作的检查、打扫和场地交接和对 A_2 工作准备的过程,则它们都经过前期准备低效率,会使工期延长。正常施工,后期低效率过程,这是由分包合同或工作任务单所决定,故总的平均效率很低。

②如果合并由一个单位完成,则平均效率会提高,而且许多工作能够穿插进行。实践证明,采用"设计-施工"总承包,或项目管理总承包,比分阶段、分专业平行包工期会大大缩短。

③修改实施方案,如将现浇混凝土改为场外预制、现场安装,这样可以提高施工速度。例如,在一个国际工程中,原施工方案为现浇混凝土,工期较长。进一步调查发现该国技术木工缺乏,劳动力的素质和可培训性较差,无法保证原工期,后来采用预制装配施工方案,则大大缩短了工期。当然这一方面必须有可用的资源,另一方面又要考虑会造成成本的超支。

5.4.3　施工进度计划的调整

1. 分析进度偏差对后续工作及总工期的影响

在施工过程中,难免出现偏差,于是要对出现的偏差进行调整。工程项目实施过程中,通过实际进度与计划进度的比较,若发现有进度偏差时,需要采取相应的调整措施对原进度计划进行

调整,以确保工期目标的顺利实现。调整进度计划实施的方法分为三个步骤:

①分析出现进度偏差的工作是否为关键工作。如果出现进度偏差的工作为关键工作,则都将对后续工作和总工期产生影响,必须采取相应的调整措施。这种方法对出现的偏差进行分析能有效掌握偏差对施工项目的后续工作产生影响。

②分析进度偏差是否大于总时差,可以有效掌握施工项目的总体工期。若工作的进度偏差小于或等于该工作的总时差,则说明此偏差对总工期无影响,但它对后续工作的影响程度,还需要进行比较偏差与自由时差的情况来进一步判断。

③分析进度偏差是否超过自由时差,能够掌握偏差对后续工作的影响程度。如果工作的进度偏差未超过该工作的自由时差,则此进度偏差不影响后续工作,因此,原进度计划可以不作调整。图 5-22 为分析进度偏差对后续工作以及总工期的判断过程。

通过分析,进度控制人员可以根据进度偏差的影响程度,制订相应的纠偏措施进行调整,以获得符合实际进度情况和计划目标的新进度计划。

2. 调整进度计划的方法

当实际进度偏差影响到后续工作、总工期而需要调整进度计划时,就需要对后续工作进行调整,其调整方法主要有两种。

(1)改变工作间的逻辑关系

当工程项目实施中产生的进度偏差影响到总工期,可以改变关键线路和超过计划工期的非关键线路上的有关工作之间的逻辑关系,达到缩短工期的目的。一种是改变关键线路上工作之间的先后顺序,还有一种是改变关键线路上的逻辑关系。但需要注意的是,在进行这样的调整后,工作之间的平行搭接时间延长,因此必须做好工作之间的沟通协调。

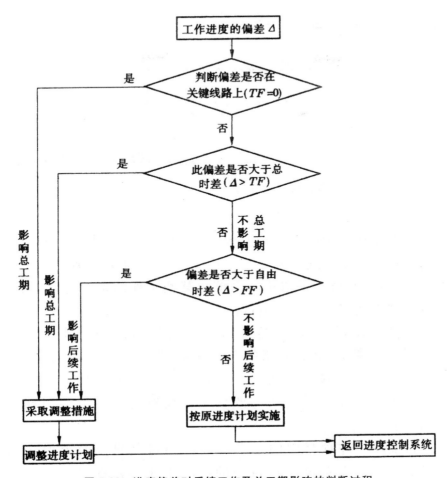

图 5-22　进度偏差对后续工作及总工期影响的判断过程

例 5.6　某工程项目基础工程包括挖基槽、作垫层、砌基础、回填土 4 个施工过程,各施工过程的持续时间分别为 21 天、15 天、18 天和 9 天,如果采取顺序作业方式进行施工,则其总工期为 63 天。为缩短该基础工程总工期,如果在工作面及资源供应允许的条件下,将基础工程划分为工程量大致相等的 3 个施工段组织流水作业,试绘制该基础工程流水作业网络计划,并确定其计算工期。

解:该基础工程流水作业网络计划如图 5-23 所示。通过组织流水作业,使得该基础工程的计算工期由 63 天缩短为 35 天。

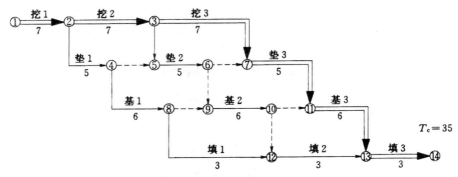

图 5-23　某基础工程流水施工网络计划

（2）改变工作的持续时间

改变工作延续时间主要是对施工项目中关键线路上的工作进行适当的调整。这种方法是不改变工程项目中各项工作之间的逻辑关系，而通过采取措施来缩短某些工作的持续时间，以保证按计划工期完成该工程项目。

改变工作延续时间，这些被压缩持续时间的工作是位于关键线路和超过计划工期的非关键线路上的工作。同时，这些工作又是其持续时间可被压缩的工作。这种调整方法通常可以在网络图上直接进行。改变工作延续时间一般会出现三种情况：

1）某项工作项目中的延误时间已超过其自由时差但未超过其总时差。如果施工项目中的某项工作拖延的时间在自由时差以外，这种情况下，施工项目的总工期不会受到影响，只对其后续工作产生影响。因此，在进行调整前，需要确定其后续工作允许拖延的时间限制，并以此作为进度调整的限制条件。寻求合理的方案，把进度拖延对后续工作的影响减少到最低程度。

例 5.7　某工程项目双代号时标网络计划如图 5-24 所示，该计划执行到第 35 天下班时刻检查时，其实际进度如图中前锋线所示。试分析目前实际进度对后续工作和总工期的影响，并提出相应的进度调整措施。

解：从图中可以看出，目前只有工作 D 的开始时间拖后 15

天,而影响其后续工作 G 的最早开始时间,其他工作的实际进度均正常。由于工作 D 的总时差为 30 天,故此时工作 D 的实际进度不影响总工期。

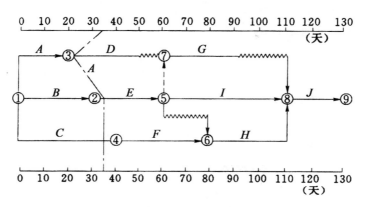

图 5-24　某工程项目时标网络计划

该进度计划是否需要调整,取决于工作 D 和 G 的限制条件。

①后续工作拖延的时间无限制。

如果后续工作拖延的时间完全被允许时,可将拖延后的时间参数带入原计划,并化简网络图(即去掉已执行部分,以进度检查日期为起点,将实际数据带入,绘制出未实施部分的进度计划),即可得调整方案。例如,在本例中,以检查时刻第 35 天为起点,将工作 D 的实际进度数据及 G 被拖延后的时间参数带入原计划(此时工作 D、G 的开始时间分别为 35 天和 65 天),可得如图 5-25 的调整方案。

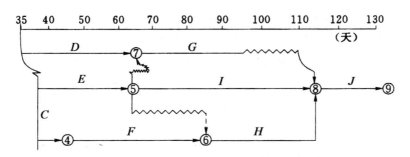

图 5-25　后续工作拖延的时间无限制时网络进度计划

②后续工作拖延的时间有限制。如果后续工作不允许拖延或拖延的时间有限制时，需要根据限制条件对网络计划进行调整，寻求最优方案。例如，在本例中，如果工作 G 的开始时间不允许超过第 60 天，则只能将其紧前工作 D 的持续时间压缩为 25 天，调整后的网络计划如图 5-26 所示。

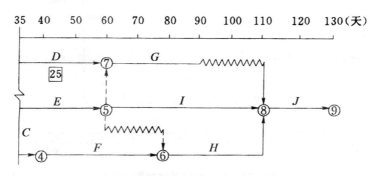

图 5-26   后续工作拖延时间有限制时的网络计划

如果在工作 D、G 之间还有多项工作，则可以利用工期优化的原理确定应压缩的工作，得到满足 G 工作限制条件的最优调整方案。

2）网络计划中某项工作进度拖延的时间超过总时差。如果工程项目必须按照原计划工期完成，则只能采取缩短关键线路上后续工作持续时间的方法来达到调整计划的目的。如果项目总工期允许拖延，则此时只需重新绘制实际进度检查日期之后的简化网络计划即可。当然，具体的调整方法是以总工期的限制时间作为规定工期，除需考虑总工期的限制条件外，还应考虑网络计划中后续工作的限制条件。

例 5.8   仍以图 5-25 网络计划为例，如果在计划执行到第 40 天下班时刻检查时，其实际进度如图 5-27 中前锋线所示，试分析目前实际进度对后续工作和总工期的影响，并提出相应的进度调整措施。

解：从图 5-27 中可看出，工作 D 实际进度拖后 10 天，但不影响其后续工作，也不影响总工期。

工作 E 实际进度正常，既影响后续工作，也不影响总工期。

工作 C 实际进度拖后 10 天,由于其为关键工作,故其实际进度将使总工期延长 10 天,并使其后续工作 F、H 和 J 的开始时间推迟 10 天。

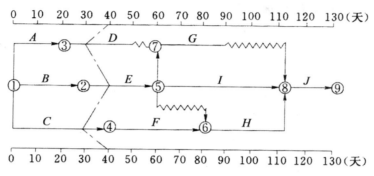

图 5-27　某工程实际进度前锋线

如果该工程项目总工期不允许拖延,则为了保证其按原计划工期 130 天完成,必须采用工期优化的方法,缩短关键线路上后续工作的持续时间。现假设工作 C 的后续工作 F、H 和 J 均可以压缩 10 天,通过比较,压缩工作 H 的持续时间所需付出的代价最小,故将工作 H 的持续时间由 30 天缩短为 20 天。调整后的网络计划如图 5-28 所示。

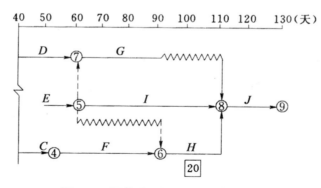

图 5-28　调整后工期不拖延的网络计划

3)网络计划中某项工作进度超前。施工单位在惊醒网络计划制定时,往往要考虑多重影响因素的作用,但是在实践操作中,无论是进度拖延还是超前,都可能造成其他目标的失控。在这种情况下,工期超前的这项工作可能会对施工项目的整体的资源安排和时间安排产生重要的影响。因此，如果建设工程实施过程中出现进度超前的情况，进度控制人员必须综合分析进度超前对后续工作产生的影响，并同承包单位协商，提出合理的进度调整方案，以确保工期总目标的顺利实现。

第6章　水利工程建设项目施工成本管理

建筑业作为我国四大支柱产业之一,随着管理体制改革的不断深化,越来越多的施工企业采用国际上惯用的项目管理模式。施工成本的管理关系工程费用的控制及工程进度等诸多环节。在目标成本制定时,只要遵循市场化的原则、效益性的原则和责权利相一致的原则,针对水利工程投资多、规模庞大、建筑物及设备种类繁多等特点,成本管理是项目管理的核心。在目标成本控制中,既要充分发挥企业全体职工的积极性,又要加强全过程的动态控制,做到各项费用的控制、减少浪费以及不必要的支出,增加经济效益,使施工企业能面临日益激烈的市场竞争,从容应对入世冲击等形势。

6.1　施工成本管理概述

施工成本[①]是一个价值范畴,它同价值有着密切联系。施工成本包括所消耗的主、辅材料,施工机械的台班费或租赁费,支付给生产工人的工资、奖金以及项目经理部为组织和管理工程施工所发生的全部费用支出,如表 6-1 所示。施工项目成本不包括税金和企业利润,也不应包括不构成施工项目价值的一切非生产性支出。

表 6-1　施工项目的成本构成

直接成本	直接工程费	人工费
		材料费
		施工机械使用费

---

① 施工项目成本是指建筑工企业完成三维施工项目所发生的全部费用的总和。

续表

直接成本	措施费	环境保护费、安全施工费等
		临时设施费、夜间施工费
		大型机械设备进出场及安装费
		混凝土、钢筋混凝土模板及支架费等
		脚手架费、施工排水费、降水费等
间接成本	规费	工程排污费、住房公积金等
		社会保障费
		危险作业意外伤害保险费
	企业管理	管理人员工资、出差、公会支出
		固定资产使用费、劳动保险费
		职工教育经费、财务费
		税金

6.1.1 施工成本的构成

根据建筑产品的特点和成本管理的要求,施工项目成本可按不同标准的应用范围进行划分。

1. 直接成本和间接成本

直接成本是指施工过程中耗费的构成工程实体或有助于工程实体形成的各项费用支出,包括人工费、材料费、机械使用费和其他直接费等。

间接成本是指企业内的各项目经理部为施工准备、组织和管理施工生产的全部施工费用的支出。间接成本不能够直接计入施工项目的费用,只能按照一定的计算基数和一定的比例分配计入施工项目的费用。间接成本包括现场管理人员的人工费(基本工资、工资性补贴、职工福利费等)、固定资产使用费、工具用具使用费、保险费、检验试验费、工程保修费、工程排污费以及其他费用等。

2. 其他成本

施工项目按照生产费用与产量的关系可分为固定成本[①]与变动成本[②]。如果施工项目成本按照控制的目标,从发生的时间可分为预算成本、计划成本和实际成本。预算成本是根据施工图结合国家或地区的预算定额及施工技术等条件计算出的工程费用。计划成本是施工项目经理在施工前,根据施工项目成本管理目的,结合施工项目的实际管理水平编制的计算成本,它反映的是企业的平均水平。而实际成本是施工项目在报告期内通过会计核算出的项目实际消耗。

6.1.2　施工成本管理的内容

施工项目成本管理是指在保证满足工程质量的前提下,对项目实施过程中所发生的费用,包括成本预测、成本计划编制、成本分析以及成本考核等。成本计划的编制与实施是关键的环节,因此进行施工项目成本管理的过程中,必须具体研究每一项内容的有效工作方式和关键控制措施,从而控制成本消耗,提高经济效益。

1. 施工项目成本预测

施工项目成本预测是根据一定的成本信息结合施工项目的具体情况,采取一定的方法对施工项目成本可能发生或发展的趋势作出的判断和推测。成本决策则是在预测的基础上确定出降低成本的方案,并从可选的方案中选择最佳的成本方案。

成本预测的方法有定性预测法和定量预测法

(1)定性预测法

定性预测是指具有一定经验的人员或有关专家依据自己的经验和能力水平对成本未来发展的态势或性质作出分析和判断。

---

① 固定成本是指在一定时期和一定工程量的范围内,成本数量不会随着工程量的变动而变动。
② 变动成本是指成本的发生会随工程量的变化而变动的费用,如人工费、材料费等。

该方法受人为因素影响很大,并且不能量化。具体包括:专家会议法、专家调查法(特尔菲法)、主管概率预测法。

(2)定量预测法

定量预测法是指根据收集的比较完备的历史数据,运用一定的方法计算分析,以此来判断成本变化的情况。此法受历史数据的影响较大,可以量化。具体包括:移动平均法、指数滑移法、回归预测法。

例 6.1 某项目部的固定成本为 150 万元,单位建筑面积的变动成本为 380 元/m²,单位销售价格为 480 元/m²,试预测保本承包规模和保本承包收入。

解:保本承包规模＝固定成本÷(单位售价－单位变动成本)

$$＝1500000/(480－380)＝15000(m^2)$$

保本承包收入＝单位售价×固定成本÷(单位售价－单位变动成本)

$$＝480×1500000÷(480－380)＝7200000(元)$$

2. 施工项目成本计划

计划管理是一切管理活动的首要环节,施工项目成本计划是在预测和决策的基础上对成本的实施作出计划性的安排和布置,是施工项目降低成本的指导性文件。

(1)搞好成本预测,确定成本控制目标

根据国家的方针政策,企业要结合中标价,根据项目施工条件、机械设备、人员素质等情况对项目的成本目标进行科学预测,做到量效挂钩。

(2)查找有效途径,实现成本控制目标

为了有效降低项目成本,必须采取以下办法和措施进行控制。采取新技术、新材料、新工艺措施控制工程成本。加强合同管理力度,控制工程成本。

3. 施工项目成本控制

成本控制包括事前控制、事中控制和事后控制,成本计划属于事前控制,此处所讲的控制是指项目在施工过程中,通过一定的方法和技术措施,加强对各种影响成本的因素进行管理,将施工中所发生的各种消耗和支出尽量控制在成本计划内,属于事中控制。

(1)工程前期的成本控制(事前控制)

成本的事前控制是通过成本的预测和决策,落实降低成本措施,编制目标成本计划而层层展开的。其中分为工程投标阶段和施工准备阶段。

(2)实施期间成本控制(事中控制)

实施期间成本控制的任务是建立成本管理体系;项目经理部应将各项费用指标进行分解,以确定各个部门的成本指标;加强成本的控制。事中控制要依合同造价为依据,从预算成本和实际成本两方面控制项目成本。定期检查各责任部门和责任者的成本控制情况,检查责、权、利的落实情况。

(3)竣工验收阶段的成本控制(事后控制)

事后控制主要是重视竣工验收工作,对照合同价的变化,将实际成本与目标成本之间的差距加以分,进一步挖掘降低成本的潜力。在工程保修期间,将实际成本与计划或本进行比较,明确是节约还是浪费,分析成本节约或超支的原因和责任归属。

4. 施工项目成本核算

施工项目成本核算包括两个环节,一是归集费用,另一个为采取一定的方法,计算施工项目的总成本和单位成本。换句话说,施工项目成本是指对项目产生过程中所发生的各种费用进行核算。

(1)施工项目成本核算的对象

①一个单位工程由几个施工单位共同施工,各单位都应以同一单位工程作为成本核算对象。

②同一建设项目,开竣工时间相近的若干单位工程可以合并作为一个成本核算对象。

③改、扩建的零星工程可以将开竣工时间相近属于同一个建

设项目的各单位工程合并成一个成本核算对象。

（2）工程项目成本核算的基本框架

工程项目成本核算的基本框架如表 6-2 所示。

表 6-2　工程项目成本核算的基本框架

人工费核算	内包人工费
	外包人工费
材料费核算	编制材料消耗汇总表
周转材料费核算	实行内部租赁制
	项目经理部与出租方按月结算租赁费
	周转材料进出时，加强计量验收制度
	租用周转材料的进退场费，按照实际发生数，由调入方负担
	对 U 型卡、脚手架等零件，在竣工验收时进行清点，按实际情况计入成本
	实行租赁制周转材料不再分配负担周转材料差价
结构件费核算	按照单位工程使用对象编制结构耗用月报表
	结构单价以项目经理部与外加工单位签订合同为准
	结构件耗用的品种和数量应与施工产值相对应
	结构件的高进高出价差核算同材料费的高进高出价差核算一致
	如发生结构件的一般价差，可计入当月项目成本
	部位分项分包，按照企业通常采用的类似结构件管理核算方法
	在结构件外加工和部位分项分包施工过程中，尽量获取转嫁压价让利风险所产生的利益
机械使用费核算	机械设备实行内部租赁制
	租赁费根据机械使用台班、停用台班和内部租赁价计算，计入项目成本
	机械进出场费，按规定由承租项目承担
	各类大中小型机械，其租赁费全额计入项目机械成本
	结算原始凭证由项目指定人签证开班和停班数，据以结算费用
	向外单位租赁机械，按当月租赁费用金额计入项目机械成本

续表

	材料二次搬运费
	临时设施摊销费
其他直接费核算	生产工具用具使用费
	除上述外其他直接费均按实际发生的有效结算凭证计入项目成本
	要求以项目经理部为单位编制工资单和奖金单列支工作人员薪金
施工间接费核算	劳务公司所提供的炊事人员、服务、警卫人员提供承包服务费计入施工间接费
	内部银行的存贷利息,计入"内部利息"
	施工间接费,现在项目"施工间接费"总账归集,再按一定分配标准计收益成本人核算对象"工程施工—间接成本"
	包清工工程,纳入"人工费—外包人工费"内核算
	部分分项分包工程,纳入结构件费内核算
分包工程成本核算	双包工程
	机械作业分包工程
	项目经理部应增设"分建成本"项目,核算双包工程、机械作业分包工程成本状况

6.1.3　施工项目成本分析

1. 施工项目成本分析方法

施工项目成本分析就是在成本核算的基础上采取一定的方法,对所发生的成本进行比较分析,检查成本发生的合理性,找出成本的变动规律,寻求降低成本的途径。主要有对比分析法、连环替代法、差额计算法和挣值法。

（1）比较法

比较法是通过实际完成成本与计划成本或承包成本进行对比,找出差异,分析原因以便改进。这种方法简单易行,但注意比较指标的内容要保持一致。

（2）连环替代法

连环替代法可用来分析各种因素对成本形成的影响，某工程的材料成本资料见表 6-3、表 6-4 所示。分析的顺序是：先绝对量指标，后相对量指标；先实物量指标，后货币量指标。

表 6-3　材料成本情况表

项目	单位	计划	实际	差异	差异率
工程量	m³	100	110	+10	+10.0
单位材料消耗量	kg	320	310	−10	−3.1
材料单价	元/kg	40	42	+2.0	+5.0
材料成本	元	1280000	1432200	+152200	+12.0

表 6-4　材料成本影响因素分析法

计算顺序	替换因素	影响成本的变动因素			成本	与前一次差异	差异原因
		工程量	单位材料消耗量	单价			
①换基数		100	320	40.0	1280000		
②一次替换	工程量	110	320	40.0	1408000	128000	工程量增加
③二次替换	单耗量	110	310	40.0	1364000	−44000	单位耗量节约
④三次替换	单价	110	310	42.0	1432200	68200	单价提高
合计						15200	

（3）差额计算法

差额计算法是因素分析法的简化，仍按上例计算。

由于工程量增加使成本增加：

$$(110-100)320 \times 40 = 128000（元）$$

由于单位耗量节约使成本降低：

$$(310-320) \times 110 \times 40 = -44000（元）$$

由于单价提高使成本增加：

$$(42-40) \times 110 \times 310 = 68200（元）$$

（4）挣值法

挣值法主要用来分析成本目标实施与期望之间的差异，是一种偏差分析方法，其分析过程如下：

①明确三个关键变量。

项目计划完成工作的预算成本（$BCWS=$ 计划工作量 × 预算定额）；项目已完成工作的实际成本（$ACWP$）；项目已完成的预算成本（$BCWP=$ 已完成工作量 × 该工作量的预算定额）。

②两种偏差的计算。

项目成本偏差

$$C_v = BCWP - ACWP$$

当 $C_v > 0$ 时，表明项目实施处于节支状态；当 $C_v < 0$ 时，表明项目处于超支状态。

项目进度偏差

$$S_v = BCWP - BCWS$$

当 $S_v > 0$ 时，表明项目实施超过进度计划；当 $S_v < 0$ 时，表明项目实施落后于计划进度。

③两个指数变量。

计划完工指数

$$SCI = \frac{BCWP}{BCWS}$$

当 $SCI > 1$ 时，表明项目实际完成的工作量大于计划工作量；当 $SCI < 1$ 时，表明项目实际完成的工作量少于计划工作量。

成本绩效指数

$$CPI = \frac{ACWP}{BCWP}$$

当 $CPI > 1$ 时，表明实际成本多于计划成本，资金使用率较低；当 $CPI < 1$ 时，表明实际成本少于计划成本，资金使用率较高。

2. 施工成本因素分析

（1）产量变动对工程成本的影响

工程成本一般可分为变动成本和固定成本两部分。由于固定成本不对产量变化,因此随着产量的提高,各单位工程多分摊的固定成本将相应减少,单位工程成本也就会随着产量的增加爱而有所减少。即

$$D_Q = R_Q C$$

$$R_Q = \left(1 - \frac{1}{1 + \Delta Q}\right) W_d$$

式中,D_Q 为因产量变动而使工程成本降低的数额,简称成本降低额;C 为原工程总成本;R_Q 围殴成本降低率,即 D_Q/C;ΔQ 为产量增长百分率;W_d 为固定成本占总成本的比重。

(2)劳动生产率变动对工程成本的影响

提高劳动生产率,是增加产量、降低成本的重要途径。在分析劳动生产率的影响时,还须考虑人工平均工资增长的影响。其计算公式为:

$$R_L = \left(1 - \frac{1 + \Delta W}{1 + \Delta L}\right) W_w$$

式中,R_L 为由于劳动生产率变动而使成本降低的成本降低率;ΔW 为平均工资增长率;ΔL 为劳动生产率增长率;W_w 为人工费用占总成本的比重。

(3)资源、能源利用程度对工程成本的影响

影响资源、能源费用的因素主要是用量和价格两个方面。就企业角度而言,降低耗用量是降低成本的主要方面。其计算公式为:

$$R_m = \Delta m W_m$$

式中,R_m 为因降低资源、能源耗用量而引起的成本降低率;Δm 为资源、能源耗用量降低率;W_m 为资源、能源费用在工程成本中的比重。

如果用利用率来表示,则有:

$$R_m = \left(1 - \frac{m_0}{m_n}\right) W_m$$

式中,m_0、m_n 为资源、能源原来和变动后的利用率;其余符号意义同前。

在建筑工程中,有时要根据不同原因,在保证工程质量的前提下采用一些替代材料,由此引起的工程成本降低额为:

$$D_r = Q_0 P_0 - Q_r P_r$$

式中,D_r 为替代材料引起的成本降低额;Q_0、P_0 为原拟用材料用量和单价;Q_r、P_r 为替代材料用量和单价。

(4)工程质量变动对工程成本的影响

水利水电工程虽不设废品等级,但对废品存在返工、修工、加固等要求。一般用返工损失金额来综合反映工程成本的变化。其计算式为:

$$R_d = C_d / B$$

式中,R_d 为返工损失率,即返工对工程成本的影响程度,一般用千分比表示;C_d 为返工损失金额;B 为施工总产值(亦可用工程总成本代替)。

(5)机械利用率变动对工程成本的影响

机械利用率变动对工程成本的影响,可直接利用下面两式计算:

$$R_T = \left(1 - \frac{1}{P_T}\right) W_d$$

$$R_p = \frac{P_p - 1}{P_T P_p} W_d$$

式中,R_T、R_p 为机械作业时间和生产能力变动引起的单位成本降低率;R_T、P_p 为机械作业时间的计划完成率和生产能力计划完成率;W_d 为固定成本占总成本的比重。

(6)技术措施变动对工程成本的影响

在施工过程中,施工企业应尽力发挥潜力,采取先进的技术措施,这不仅使企业发展的需要,也是降低工程成本最有效的手段。其对工程成本的影响程度为:

$$R_S = \frac{Q_S S}{C} W_S$$

式中,R_S 为采取技术措施引起的成本降低率;Q_S 为措施涉及的工程量;S 为采取措施后单位工程量节约额;W_S 为措施及工程原成本占总成本的比重;C 为工程总成本。

(7)施工管理费变动对工程成本的影响

施工管理费在工程成本中占有较大的比重,因此节省开支,对降低工程成本也具有很大的作用。其成本降低率为:

$$R_g = W_g \Delta G$$

式中,R_g 为节约管理费引起的成本降低率;W_g 为管理费节约百分率;ΔG 为管理费占工程成本的比重。

3. 成本考核

成本考核就是在施工项目竣工后,对项目成本的负责人,考核其成本完成情况,以做到有奖有罚,避免"吃大锅饭",以提高职工的劳动积极性。

施工成本考核是衡量成本降低的实际成果,也是对成本指标完成情况的总结和评价。成本预测是成本决策的前提,成本计划是成本决策所确定目标的实现,而成本考核是实现成本目标责任制的保证和实现决策目标的重要手段。施工成本管理的每一个环节都是相互联系和相互作用的。

6.2 施工成本控制的基本方法

施工项目成本控制过程中,因为一些因素的影响,会发生一定的偏差,所以应采取相应的措施、方法进行纠偏。

6.2.1 施工项目成本控制的意义和目的

施工项目成本控制通常是指在项目成本的形成过程中,对生产经营所消耗的人力资源、物资资源和费用开支,进行指导、监督、调节和限制,只有在增加收入的同时节约支出,才能提高施工项目成本的降低水平。因此,施工项目成本是把各项生产费用控制在计划成本的范围之内,以保证成本目标的实现。

6.2.2　施工项目成本控制的原则

施工项目成本控制要坚持以下几项原则：

1. 全面控制

全面控制原则主要体现在对项目成本的全员控制和项目成本的全过程控制。施工项目的成本是一项综合性指标，它涉及项目组织的各部门、各班组的工作业绩，也与每个职工的切身利益有关。同时，成本控制工作要随着项目施工进展的各个阶段连续进行，使施工项目成本自始至终置于有效的控制之下。因此，项目成本的高低需要大家关心，施工项目成本控制也需要项目参与者群策群力。

2. 计划控制

施工项目成本预测和决策为成本计划的编制提供依据，将承包成本额降低而形成计划成本成为施工过程中成本控制的标准。

成本计划编制方法有以下两种。

（1）常用方法

成本降低额＝两算对比差额＋技术措施节约额

（2）计划成本法

计划成本法有以下 4 种算法。

①施工预算法：计划成本＝施工预算成本－技术措施节约额

②技术措施法：计划成本＝施工图预算成－本技术措施节约额

③成本习性法：计划成本＝施工项目变动成本＋施工项目固定成本

④按实计算法：施工项目部以该项目的施工图预算的各种消耗量为依据，结合成本计算降低目标，由各职能部门结合本部门的实际情况，分别计算各部门的计划成本，最后汇总项目的总计划成本。

3. 目标管理

目标管理是贯彻执行计划的一种方法,它把计划的方针、任务、目的和措施等一一进行分解,并分别落实到执行计划的部门、单位甚至个人。目标管理的内容包括目标的设定和分解。目标的责任到位,形成目标管理的 P(计划)、D(实施)、C(检查)、A(处理)循环。

6.2.3 施工项目成本控制的过程

进行项目成本控制时,项目经理部应按内部各岗位和作业层进行成本目标分解,明确各级人员的成本责任、权限及相互关系。项目经理部应对施工过程中发生的、在项目经理部管理职责权限内能控制的各种消耗和费用进行成本控制。

项目成本控制应按以下程序进行:

①企业进行项目成本预测。

②项目经理部编制成本计划并编制月度及项目的成本报告。

③项目经理部实施成本计划。

④项目经理部进行成本核算。

⑤项目经理部进行成本分析。

⑥编制成本资料并按规定存档。

1. 施工项目成本预测

施工项目成本预测是通过成本信息和施工项目的具体情况,并运用一定的专门方法,对未来的成本水平及其可能的发展趋势作出科学的估计,这是施工企业在项目施工以前对成本进行的核算。因此,施工企业对项目成本预测是施工项目成本决策与计划的依据。

2. 施工项目成本计划

施工项目成本计划是项目经理部对项目成本进行计划管理

的工具。它是以货币形式编制施工项目在计划期内的生产费用、成本水平、成本降低率以及为降低成本所采取的主要措施和规划的书面方案,是建立施工项目成本管理责任制、开展成本控制和核算的基础。可以说,成本计划是目标成本的一种形式。

3. 实际施工成本的形成控制

施工成本的形成控制主要是指项目经理部对施工项目成本的实施控制,包括制度控制、定额或指数控制、合同控制等。

①制度控制是指在成本支出过程中,必须执行国家、公司的有关制度,如财经制度、工资总量包干制度等。

②定额或指数控制是指为了控制项目成本,要求成本支出必须按定额执行。如材料用量的控制应以消耗定额为依据,实行限额领料;没有消耗定额的材料要制定领用材料指标。

③合同控制是项目部为了达到降低成本的目的,根据已确定各成本子项的计划成本与各专业管理人员签订成本承包合同。

施工项目成本计划的实施,贯穿于施工项目从招投标阶段开始直到项目竣工验收的全过程,是企业实施全面成本管理的重要环节。

4. 施工项目成本核算

施工项目成本核算[①]在保持统计口径一致的前提下进行互相对比,它包括两个基本环节:一是按照规定的成本开支范围对施工费用进行归集,计算出施工费用的实际发生额;二是根据成本核算对象,采用适当的方法计算出该施工项目的总成本和单位成本。因此,加强施工项目成本核算工作,对降低施工项目成本、提高企业的经济效益有积极的作用。

例 6.2 某水利工程公司中标承包某施工项目,该项目承包成本(预算成本)、成本计划降低率和实际成本见表 6-5。

---

① 施工项目成本核算是指将项目施工过程中所发生的各种费用和形成施工项目成本与计划目标成本。

表 6-5　某施工项目的成本内容和车本项目　　　　　　　　单位:万元

成本项目	成本内容						实际降低率/(%)
	预算成本	计划降低率/(%)	计划降低额	计划成本	实际成本	实际降低额	
计算形式	A	B	C=	D=	E	F=	G=
人工费	100.00	1			99.00		
材料费	700.00	7			642.60		
机械使用费	40.00	5			38.00		
其他直接费	160.00	5			150.40		
管理费	150.00	6			139.50		
项目总成本	1150.00	6			1069.50		

问题:

①计划降低额、计划成本、实际降低额和降低率如何计算?

②计划降低额、计划成本、实际降低额和降低率各为多少?

③该项目总成本计划降低额任务是多少?是否完成?

问题分析:成本计算见表 6-6。

表 6-6　某施工项目的成本计算　　　　　　　　单位:万元

成本项目	成本内容						实际降低率/(%)
	预算成本	计划降低率/(%)	计划降低额	计划成本	实际成本	实际降低额	
计算形式	A	B	C=A×B	D=A−C	E	F=A−E	G=F/A
人工费	100.00	1	1.00	99.00	99.00	1.00	1
材料费	700.00	7	49.00	651.00	642.60	57.40	8.2
机械使用费	40.00	5	2.00	38.00	38.00	2.00	5
其他直接费	160.00	5	8.00	152.00	150.40	9.60	6
管理费	150.00	6	9.00	141.00	139.50	10.50	7
项目总成本	1150.00	6	69.00	1081.00	1069.50	80.50	7

经计算可知,该项目总成本计划降低额任务为 69.00 万元,总成本实际降低额为 80.50 万元,总成本计划降低额任务超额完成。其指如下:

项目总成本超计划完成的成本降低额＝(80.50－69.00)万元＝11.50 万元

5. 施工项目成本分析

施工项目成本分析[①]贯穿于施工项目成本管理的全过程。施工项目成本分析的基本方法有比较法、因素分析法、差额计算法、比率法等几种方法。

(1)比较法

比较法又称指标对比分析法,通过技术经济指标的对比,进而挖掘内部潜力的方法。这种方法具有通俗易懂、简单易行、便于掌握的特点,因而得到了广泛的应用。

(2)因素分析法

因素分析法又称连环置换法,这种方法可用来分析各种因素非成本的影响程度。

例 6.3　商品混凝土目标成本为 443040 元,实际成本为 473697 元,比目标成本增加 30657 元,资料见表 6-7。

表 6-7　商品混凝土目标成本与实际成本对比表

项目	单位	目标	实际	差额
产量	m³	600	630	＋30
单价	元	710	730	＋20
损耗率	%	4	3	－1
成本	元	443040	473697	＋30657

分析成本增加的原因如下:

①　施工项目成本分析是在施工成本跟踪核算的基础上,动态分析各成本项目的节约、超支原因的工作。

①分析对象时商品混凝土的成本,实际成本与目标成本的差额为 30657 元。该指标有产量、单价、损耗量三个因素组成,其排序见表 6-7。

②以目标成本 443040(＝600×710×1.04)元为分析代替的基础:

第一次替代产量因素,以 630m³ 代替 600m³ 后的值为
$$630×710×1.04＝465192 元$$

第二次替代单价因素,以 730 元代替 710 元,并保留上次替代后的值为
$$630×730×1.04＝478296 元$$

第三次替代损耗率因素,以 1.03 替代 1.04,并保留上两次替代后的值为
$$630×730×1.03＝473697 元$$

③计算差额:

第一次替代与目标数的差额＝(465192－443040)＝22152 元

第二次替代与第一次替代的差额＝(478296－465192)＝13104 元

第三次替代与第二次替代的差额＝(473697－478296)＝－4599 元

④产量增加使成本增加了 22152 元,单价提高使成本增加了 13104 元,而损耗率下降使成本差额减少了 4599 元。

⑤各因素的影响程度之和为(22152＋13104－4599)＝30657 元,与实际成本与目标成本的总差额相等。

为了使用方便,企业也可以运用因素分析表来求出各因素变动对实际成本的影响程度,其具体形式见表 6-8。

表 6-8　商品混凝土成本变动因素分析表

顺序	连环替代计算结构/元	差异/元	因素分析
目标数	600×710×1.04		
第一次替代	630×710×1.04	22152	由于产量增加,成本不能增加
第二次替代	630×730×1.04	13104	由于单价提高,成本增加 13104 元
第三次替代	630×730×1.03	－4599	由于损耗率下降,成本不能减少了
合计	22152＋13104－4599＝30657	30657	

6. 施工项目成本考核

成本考核就是在施工项目完成后,按施工项目成本目标责任制的有关规定,将成本的实际指标与计划、定额、预算进行对比和考核,并以此给以相应的奖励和处罚的过程。

综上所述,施工项目成本控制系统中每一个环节都是相互联系和相互作用的。成本预测是成本决策的前提,成本计划是成本决策确定目标的具体化。成本计划实施则是对成本计划的实施进行控制和监督,保证决策中成本目标实现。成本考核是实现成本目标责任制的保证和实现决策目标的重要手段。

6.2.4　施工项目成本控制的任务

施工项目的成本控制应伴随项目建设进程渐次展开,同时要注意各个时期的特点和要求。各个阶段的工作内容不同,成本控制的主要任务也不同。

1. 施工前期的成本控制

(1)工程投标阶段

在工程投标阶段,成本控制的主要任务是编制适合本企业施工管理水平和施工能力的报价。根据工程概况和招标文件,进行成本预测,提出投标决策意见。在中标以后,根据项目的建设规模,以标书为依据确定项目的成本目标。

(2)施工准备阶段

根据设计图纸和有关技术资料,对施工方法、施工顺序、作业组织形式等进行认真的研究分析,以分部分项工程的实物工程量为基础,联系劳动定额、材料消耗定额和技术组织措施的节约计划,并运用价值工程原理,制定出科学先进、经济合理的施工方案。

(3)间接费用预算的编制及落实

根据项目建设时间的长短和参加建设人数的多少,并对上述预算进行明细分解,以项目经理部有关部门责任成本的形式落实下去,为今后控制和绩效考评提供依据。

2. 施工阶段的成本控制

施工阶段成本控制的主要任务是确定项目经理部的成本控制目标,将项目经理部各项费用指标进行分解以确定各个部门的成本控制指标。

①加强施工任务单和限额领料单的管理,并对实耗工、实耗材料的数量核对,为控制成本提供真实可靠的数据。

②将施工任务单和限额领料单的结算资料与施工预算进行核对,计算分部分项工程成本差异。

③做好月度成本原始资料的收集和整理,正确计算月度成本。对于盈亏比异常的现象要特别重视,并在查明原因的基础上采取果断措施,尽快加以纠正。

④在月度成本核算的基础上,实行责任成本核算。由责任部门或责任者自行分析成本差异和产生差异的原因,为全面实现责任成本制创造条件。

⑤定期检查各责任部门和责任者的成本控制情况,检查成本控制责、权、利的落实情况。如有因责、权、利不到位的情况,应针对责、权、利不到位的原因,根据责、权、利相结合的原则,使成本控制工作得以顺利进行。

3. 竣工验收阶段的成本控制

(1)精心安排、干净利落地完成工程竣工扫尾工作

从现实情况看,很多工程一到竣工扫尾阶段,就把主要施工力量抽调到其他在建工程上,以致扫尾工作拖拖拉拉,使在建阶段取得的经济效益逐步流失。因此,一定要精心安排,把竣工扫尾时间缩短到最少。

(2)重视竣工验收工作,顺利交付使用

在验收以前,要准备好验收所需要的各种书面资料送甲方备

查。如果涉及费用,应请甲方签证,列入工程结算。

（3）及时办理工程结算

一般来说,工程结算造价等于原施工图预算加或减去增减账。在工程保修期间,项目经理指定保修工作的责任者,并责成保修责任者根据实际情况提出保修计划。以此作为控制保修费用的依据。

6.2.5　施工项目成本控制的内容

1. 材料费的控制

材料费的控制按照"量价分离"的原则,一是进行材料用量的控制;二是进行材料价格的控制。

（1）材料用量的控制

在保证符合设计规格和质量标准的前提下,要合理使用材料和节约使用材料,通过定额控制①、指标控制②、计量控制③等措施,来有效控制材料物资的消耗。

（2）材料价格的控制

材料价格主要由材料采购部门在采购中加以控制。材料价格的控制主要通过市场信息、询价、应用竞争机制和经济合同手段等来实现。通过买价控制、运费控制和损耗控制来对各个项目所需的物质进行合理采购,以防损耗或短缺计入材料成本。

2. 人工费的控制

人工费的控制采取与材料费控制相同的原则,实行"量价分离"。按照内部施工图预算、钢筋翻样单或模板量计算出定额人工工日,并考虑将安全生产、文明施工及零星用工按定额工日的一定比例（一般为 15%～25%）一起发包。

---

① 定额控制是指对于有消耗定额的材料,项目以消耗定额为依据,实行限额发料制度。
② 指标控制是指没有消耗定额的材料要实行计划管理和按指标控制的办法进行控制。
③ 计量控制是指为准确核算项目实际材料成本,保证材料消耗准确。

例如,施工合同中规定的某项人工费为 32.9 元/工日,项目经理部在与施工队签订劳务分包合同时,将人工费用单价控制在 30 元以下,其余部分用于定额以外的人工费用和关键工序的奖励费用。这样人工费用就不会超支,还留有余地。

3. 机械费的控制

机械费用主要由台班数量和台班单价两方面决定,为有效控制台班费支出,主要从以下几个方面控制:

①合理安排施工生产,加强设备租赁计划管理,减少因安排不当而引起的设备闲置。

②加强机械设备的调度工作,尽量避免窝工,提高现场设备利用率。

③做好上机人员与辅助生产人员的协调与配合,提高机械台班产量。

4. 管理费的控制

现场施工管理费在项目成本中占有一定比例,其控制与核算都较难把握,在使用和开支时弹性较大,主要采取以下控制措施:

①根据现场施工管理费占施工项目计划总成本的比重,确定施工项目经理部施工管理费总额。

②制定并严格执行施工项目经理部的施工管理费使用的审批、报销程序。

③制定施工项目管理开支标准和范围,落实各部门人员岗位的控制责任。

5. 现场设施配置规模控制

为了控制现场临时设施规模,应该通过周密的施工组织设计,在满足计划工期施工速度要求的前提下,尽可能组织均衡施工,以缩小施工规模,控制各类施工设施的配置数量,通常应注意以下几点:

①施工临时道路的修筑,材料工器具放置场地的铺设等,在满足施工需要的前提下,尽可能先利用永久道路路基,再修筑施工临时道路。

②施工临时供水、供电管网的铺设长度及容量,应尽可能合理。

③施工材料堆放场、仓库类型、面积的确定与配置,尽可能在满足合理储备和施工需要的前提下,力求数量合理,利用率高,费用低。

6.2.6　施工项目成本控制的方法

1. 施工图预算控制成本支出

在施工项目的成本控制中,可按施工图预算实行"以收定支",具体的处理方法如下:

(1)人工费的控制

项目经理部与作业队签订劳务合同时,应该将人工费单价定低一些,其余部分可用于定额外人工费和关键工序的奖励费。这样,人工费就不会超支,而且还留有余地,以备关键工序之需。

(2)材料费的控制

按"量价分离"方法计算工程造价的条件下,水泥、钢材、木材"三材"的价格随行就市,实行高进高出。由于材料市场价格变动频繁,因此,项目材料管理人员必须经常关注材料市场价格的变动,并积累系统、翔实的市场信息。

(3)周转设备使用费的控制

施工图预算中的周转设备使用费等于耗用数乘以市场价格,而实际发生的周转设备使用费等于使用数乘以企业内部的租赁单价或摊销率。由于两者的计量基础和计价方法各不相同,只能以周转设备预算收费的总量来控制实际发生的周转设备使用费的总量。

2. 施工预算控制资源消耗

资源消耗数量的货币表现就是成本费用。因此,资源消耗的减少,就等于成本费用的节约;控制了资源消耗,也等于控制了成本费用。施工预算控制资源消耗的实施步骤和方法如下:

①项目开工以前,编制整个施工项目的施工预算,作为指导和管理施工的依据。

②对生产班组的任务安排,必须签发施工任务单和限额领料单,并向生产班组进行技术交底。

③在施工过程中,要求生产班组根据实际完成的工程量做好原始记录,作为施工任务单和限额领料单结算的依据。

④任务完成后,根据回收的施工任务单和限额领料单进行结算,并按照结算内容支付报酬(包括奖金)。

3. 应用成本与进度同步跟踪法

成本控制与计划管理、成本与进度之间有着必然的同步关系。为了方便在分部分项工程的施工中同时进行进度与费用的控制,掌握进度与费用的变化过程,可以按照横道图或网络计划图的特点分别进行处理。

(1)横道图计划进度与成本的同步控制

在横道图计划中,表示作业进度的横线有两条,一条为计划线,另一条为实际线;计划线上的"C"表示与计划进度相对应的计划成本;实际线下的"C"表示与实际进度相对应的实际成本,由此得到以下信息:

①每个分项工程的进度与成本的同步关系。

②每个分项工程的计划施工时间与实际施工时间之比,以及对后道工序的影响。

③每个分项工节约或超支,以及对完成某一时期责任成本的影响。

④每个分项工程施工进度的提前或拖期对成本的影响程度。

⑤整个施工阶段的进度和成本情况。

（2）网络图计划进度与成本的同步控制

网络计划在施工进度的安排上可随时进行优化和调整，因而对每道工序的成本控制也更有效。

网络图的表示方法为：箭杆的上方用"C"后面的数字表示工作的计划成本，实际施工的时间和成本则在箭杆附近的方格中按实填写，这样就能从网络图中看到每项工作的计划进度与实际进度、计划成本与实际成本的对比情况。

4. 建立月度财务收支计划，控制成本费用支出

①以月度施工作业计划为龙头，并以月度计划产值为当月财务收入计划，同时由项目各部门根据月度施工作业计划的具体内容编制本部门的用款计划。

②在月度财务收支计划的执行过程中，项目财务成员应该根据各部门的实际情况做好记录，并于下月初反馈给相关部门。

5. 加强质量管理，控制质量成本

质量成本[①]包括控制成本和故障成本。控制成本包括预防成本和鉴定成本，与质量水平成正比关系。故障成本包括内部故障成本和外部故障成本，与质量水平成反比关系。

（1）质量成本核算

将施工过程中发生的质量成本费用，按照预防成本、鉴定成本、内部故障成本和外部故障成本的明细科目归集。质量成本的明细科目，可根据实际支付的具体内容来确定。

①预防成本。质量管理工作费、质量培训费、质量情报费、质量技术宣传费、质量管理活动费等。

②内部故障成本。返工损失、停工损失、返修损失、质量过剩损失、技术超前支出和事故分析处理等。

---

① 质量成本是指项目为保证和提高产品质量而支出的一切费用，以及为达到质量指标而发生的一切损失费用。

③外部故障成本。保修费、赔偿费、诉讼费和因违反环境保护法而发生的罚款等。

④鉴定成本。材料检验试验费、工序监测和计量服务费、质量评审活动费等。

（2）质量成本分析

根据质量成本核算的资料进行归纳、比较和分析，共包括以下内容：

①质量成本各要素之间的比例关系分析。

②质量成本总额的构成比例分析。

③质量成本总额的构成内容分析。

④质量成本占预算成本的比例分析。

6. 坚持现场管理标准化，减少浪费

根据"必需、实用、简便"的原则，施工项目成本核算设立资源消耗辅助记录台账，这里以"材料消耗台账"为例，包括材料消耗台账、材料消耗情况的信息反馈、材料消耗的中间控制，由此说明资源消耗台账在成本控制中的应用。

施工现场临时设施费用是工程直接成本的一个组成部分。在项目管理中，降低施工成本有硬手段①和软手段②两个途径。

6.3 施工成本降低的措施

降低施工项目成本应该从加强施工管理、技术管理、劳动工资管理、机械设备管理、材料管理、费用管理以及正确划分成本中心，使用先进的成本管理方法和考核手段入手，制定既开源又节流方针，从两个方面来降低施工项目成本。

---

① 硬手段主要是指优化施工技术方案，结合施工对设计提出改进意见，控制施工规模，降低固定成本的开支。

② 软手段是指通过加强管理，提高效率等来降低单位建筑产品物化劳动和活劳动的消耗。

6.3.1　认真会审图纸,积极提出修改意见

在项目建设过程中,施工单位必须按图施工。在满足用户要求和保证工程质量的前提下,对设计图纸进行认真的会审,并提出积极的修改意见,在取得用户和设计单位的同意后,修改设计图纸,同时办理增减账。同时,在会审图纸的时候,对于结构复杂、施工难度高的项目,更要加倍认真,并且要从方便施工,有利于加快工程进度和保证工程质量,又能降低资源消耗、增加工程收入。

6.3.2　加强合同预算管理

(1)深入研究招标文件、合同内容,正确编制施工图预算

在编制施工图预算的时候,要充分考虑可能发生的成本费用,将其全部列入施工图预算,然后通过工程款结算向甲方取得补偿。

(2)把合同规定的"开口"项目,作为增加预算收入的重要方面

一般来说,按照设计图纸和预算定额编制的施工图预算,必须受预算定额的制约,很少有灵活伸缩的余地;而开口项目的取费则有比较大的潜力,是项目增收的关键。

(3)根据工程变更资料,及时办理增减账

随着工程的变更,必然会带来工程内容的增减和施工工序的改变,从而必然会影响成本费用的变更。因此,项目承包方应就工程变更对既定施工方法、机械设备使用、材料供应、劳动力调配和工期目标等的影响程度。

6.3.3　落实技术组织措施

落实技术组织措施,走技术与经济相结合的道路,以技术优势来取得经济效益,是降低项目成本的又一个关键。一般情况下,项目应在开工以前根据工程情况制定技术组织措施计划,作

为降低成本计划的内容之一列入施工组织设计。在编制月度施工作业计划的同时，也可按照作业计划的内容编制月度技术组织措施计划。

必须强调，在结算技术组织措施执行效果时，除要按照定额数据等进行理论计算外，还要做好节约实物的验收，防止"理论上节约、实际上超用"的情况发生。

6.3.4　组织均衡施工，加快施工进度

为了加快施工进度，将会增加一定的成本支出。例如：在组织两班制施工的时候，需要增加夜间施工的照明费、夜点费和工效损失费；同时，还将增加模板的使用量和租赁费。

因此，凡是按时间计算的成本费用，如项目管理人员的工资和办公费，以及施工机械和周转设备的租赁费等，在加快施工进度、缩短施工周期的情况下，都会有明显的节约。除此之外，还可从业主那里得到一笔相当可观的提前竣工奖。因此，加快施工进度也是降低项目成本的有效途径之一。

第7章　水利工程建设项目施工合同及招投标管理

　　施工合同明确了在施工阶段承包人和发包人的权利和义务，施工合同的正确签订是履行合同的基础。合同的最终实现需要发包人和承包人双方严格按照合同的各项条款和条件，全面履行各自的义务，才能享受其权利，最终完成工程任务。水利工程是一种特殊的商品，对其进行招投标不仅可以鼓励建设单位之间的良性竞争，打断垄断，还可以达到控制工程质量、降低工程造价的目的。

7.1　施工合同管理概述

　　水利工程施工项目合同管理主要是水利建设主管单位、金融机构以及建设单位、监理单位、承包方依照法律和法规，采用法律的、行政的手段，对施工合同关系进行组织、指导协调和监督，保护施工合同当事人的合法权益、处理施工合同纠纷，防止和制裁违法行为，保证施工合同法规的贯彻实施等一系列活动。依法签订的施工合同，合同双方的权益都受到法律保护。当一方不履行合同，使对方的权益受到侵害时，就可以以施工合同为依据，根据有关法律，追究违约一方的法律责任。

　　水利工程施工项目的合同管理是为了保证水利工程的项目法人和工程承包方能够按照合同条款共同完成水利工程。对水利工程施工项目合同的深入了解也是项目法人和工程承包方对自己的权利和义务的明确，避免因违背合同条款而承担的法律责任，影响水利工程施工项目的顺利实施。

7.1.1　合同的内涵

　　合同是我国契约形式的一种，主要是指法人与法人之间、法人与公民之间或者公民与公民之间为共同实现某个目标,在合作过程中确定双方的权利和义务而签订的书面协议。

合同是两方或者多方当事人意思表示一致的民事法律行文,合同一旦成立就具有法律效力,在双方当事人之间就发生了权利和义务的关系,当事人一方或者双方没有按照合同规定的事项履行义务,就需要按照合同条款承担相应的法律责任。

水利工程施工合同是指水利工程的项目法人(发包方)和工程承包商(施工单位或承包方)为完成商定的水利工程而明确相互权利、义务关系的协议,即承包方进行工程建设施工,发包方支付工程价款的合同。根据施工合同的规定确保双方能够按照合同完成各自的权利和义务,如果一方违反规定,就需要按照合同条款承担法律责任。

7.1.2 合同的要素

一般合同的要素包括合同的主体、客体和内容三大要素。

1. 主体

主体主要是指合同中签约双方的当事人,也是合同中的权利与义务的承担者。一般有法人和自然人。

2. 客体

客体主要是指合同的标的,也就是签约当事人的权利与义务所指的对象。

3. 内容

内容主要是指合同签约当事人之间的权利与义务。

7.1.3 合同谈判

施工合同需明确在施工阶段承包人和发包人的权利和义务,合同谈判是施工合同签订的前提,是履行合同的基础。合同是影响利润最主要的因素,而合同谈判和合同签订是获得尽可能多利润的最好机会。如何利用这个机会签订一份有利的合同,是每个承包商都十分关心的问题。合同需要发包人和承包人双方按照平等自愿的合同条款和条件,全面履行各自的义务,并享受其相应的权利,才能最终实现。

1. 施工合同谈判的内容

(1)工程范围

承包方所承担的工程范围包括施工内容、设备采购、设备安装和调试等。在签订合同时要做到明确具体、范围清楚、责任明确,否则将导致报价漏项,从而发生合同纠纷。

(2)合同价格条款

合同依据计价方式的不同主要有总价合同、单价合同和成本加酬金合同,在谈判中根据工程项目的特点加以确定。

(3)付款方式

付款问题主要是发包方和承包方对价格、货币以及支付方式等问题进行确定。承包人应对合同的价格调整、合同规定的货币价值浮动的影响、支付时间、支付方式和支付保证金等条款在谈判中予以充分的重视。

(4)工期和维修期

①发包人和承包人应该依据各方条款和条件对工期做一个合理的设立。

②承包人应力争用维修保函来代替发包人扣留的保证金,这对发包人并无风险,是一种比较公平的做法。

③合同中应明确承包人保留由于工程变更、恶劣的气候影响等原因对工期产生不利影响时要求合理地延长工期的权利。

(5)完善合同条件

完善的一些合同条件如图 7-1 所示[①]。

---

① 　张玉福. 水利工程施工组织与管理[M]. 郑州:黄河水利出版社,2009.

完善的合同条件
- ①关于合同图纸
- ②关于合同的某些措辞
- ③关于施工占地
- ④关于开工和工期
- ⑤关于承包人移交施工现场和基础资料
- ⑥关于工程交付、预付款保函的自动减款条款
- ⑦关于违约罚金和工期提前奖金、工程量验收以及衔接工序和隐蔽工程施工的验收程序

图 7-1 完善的合同条件

2. 合同最后文本的确定和合同的签定

（1）合同文件内容

水利工程施工合同文件构成如图 7-2 所示。

水利工程施工合同文件构成
- 合同协议书
- 工程量及价格单
- 合同条件
- 投标人须知
- 合同技术条件（附投标图纸）
- 发包人授标通知
- 双方共同签署的合同补遗（有时也以合同谈判会议纪要形式表示）
- 中标人投标时所递交的主要技术和商务

图 7-2 水利工程施工合同文件的构成

合同文件确定之后可对文件进行清理，将一些有歧义或者是矛盾的条文或者是文件直接予以作废清除。

（2）关于合同协议的补遗

在合同谈判阶段，双方谈判的结果一般以合同补遗的形式表示，这一文件在合同解释中拥有最高级别的效力，因为它属于合同签订人的最终意思表示。

（3）合同的签订

当双方对所有的内容都进行确认并且没有错误之后就可以进行施工承包合同的签订。

7.2　施工合同的实施与管理

只有对项目合同进行有效的管理，才能使得工程项目能够顺利地实施。

7.2.1　合同分析

1. 施工合同分析的必要性

①在一个水利枢纽工程中，施工合同往往有几份、十几份甚至几十份，合同之间的关系错综复杂，必须对其进行分析。

②合同文件和工程活动的具体要求（如工期、质量、费用等）、合同各方的责任关系、事件和活动之间的逻辑关系极为复杂，对这些逻辑关系加以整理区分，明确责任。

③大部分参与工程建设的人员要做的工作都为合同文件上已经规定好的内容，合同管理人员必须先对合同文件的内容先进行分析掌握，才能向建设人员进行合同交底以提高工作效率。

④有时合同文件上某些条款的语言有些赘述，必须在施工之前先对其进行分析，使其简单明了，以便提高合同管理工作的效率。

⑤在合同中存在的问题和风险包括合同审查时已发现的风险还可能存在隐藏着的风险，在合同实施前有必要作进一步的全面分析。

⑥在合同实施过程中，不管是发包方，还是承包方都会对某一问题产生分歧，解决这些分析的依据就是双方签订的合同文件，因此必须对合同文件进行分析。

2. 合同分析的内容

（1）合同的法律基础分析

承包人需要对合同中签订和实施所依据的法律、法规进行了解，只需对所依据的法律法规的范围和特点进行了解即可，只有了解了这些法律法规才能对合同的实施和索赔进行有效的指导，对合同中明示的法律要重点分析。

（2）合同类型分析

施工合同的种类不止一种，不同类型的合同有着各自不同的履行方式，其性质、特点也都具有较大的差异，这些差异导致双方的责任、权利关系和风险分担也不一样，对合同的管理和索赔产生不利的影响。

（3）发包人的责任分析

发包人的责任具有两个方面的内容，一是发包人的权利，发包人的权利是承包方的义务，是承包方需要履行的责任，承包方违约通常都是由于没有充分履行己方的义务导致；另一方面是发包人的合作责任，发包人的合作责任指的是配合承包方完成合同规定的内容，这是承包人顺利完成任务的前提，假若发包人不履行合作责任，承包人有权进行索赔。

（4）合同价格分析

合同的价格分析包括的内容很多，应重点分析合同采用的计价方法、计价依据、价格调整方法、还要对工程款结算的方法和程序进行分析。

（5）施工工期分析

合同中对与施工工期一般都已经规定好，对其进行分析，可以合理的进行施工计划的安排，对影响工期的不利因素注意做好预防措施。因为在实际工程中，工程的延误属于不可预料事件，对工程的进度影响非常大，也经常是进行索赔的理由，因此对工期的分析要特别重视。

7.2.2 合同控制

合同控制的主要内容如下。

(1)预付款控制

预付款是承包工程开工以前业主按合同规定向承包人支付的款项。承包人利用此款项进行施工机械设备和材料以及在工地设置生产、办公和生活设施的开支。预付款金额的上限为合同总价的五分之一,一般预付款的额度为合同总价的10%~15%。

预付款的实质是承包人先向业主提取的贷款,是没有利息的,在开工以后是要从每期工程进度款中逐步扣除还清的。通常对于预付款,业主要求承包商出具预付款保证书。

工程合同的预付款,按世界银行采购指南规定分为以下几种。

①调遣预付款:用做承包商施工开始的费用开支,包括临时设施、人员设备进场、履约保证金等费用。

②设备预付款:用于购置施工设备。

③材料预付款:用于购置建筑材料。其数额一般为该材料发票价的75%以下,在月进度付款凭证中办理。

(2)工程进度款

工程进度款是承包商依据工程进度的完成情况,不仅要计算工程量所需的价格,还再增加或者扣除相应的项目款才为每月所需的工程进度款。此款项一般需承包商尽早向监理工程师提交该月已完工程量的进度款付款申请,按月支付,是工程价款的主要部分。

承包商要核实投标及变更通知后报价的计算数字是否正确、核实申请付款的工程进度情况及现场材料数量、已完工程量,项目经理签字后交驻地监理工程师审核,驻地监理工程师批准后转交业主付款。

(3)保留金

保留金也称滞付金,是承包商履约的另一种保证,通常是从承包商的进度款中扣下一定百分比的金额,以便在承包商违约时起补偿作用。在工程竣工后,保留金应在规定的时间退还给承包商。

(4)浮动价格计算

外界环境的变化如人工、材料、机械设备价格会直接影响承包商的施工成本。假若在合同中不对此情况进行考虑,按固定价格进行工程价格计算的话,承包商就会为合同中未来的风险而进行费用的增加,如果合同规定不按浮动价格计算工程价格,承包商就会预测到由合同期内的风险而增加费用,该费用应计入标价中。一般来说,短期的预测结果还是比较可靠的,但对远期预测就可能很不准确,这就造成承包商不得不大幅度提高标价以避免未来风险带来的损失。这种做法难以正确估计风险费用,估计偏高或偏低,无论是对业主和承包商来说都是不利的。为获得一个合理的工程造价,工程价款支付可以采用浮动价格的方法来解决。

浮动价格计算方法考虑的风险因素很多,计算比较复杂。实际上也只能考虑风险的主要方面,如工资、物价上涨,按照合同规定的浮动条件进行计算。

①要确定影响合同价较大的重要计价要素,如水泥、钢材、木材的价格和人工工资等。

②确定浮动的起始条件,一般都要在物价等因素波动到 5%～10% 时才进行调整。

③确定每个要素的价格影响系数,价格影响系数和固定系数的关系为

$$K_1 + K_2 + K_3 + K_4 + K_5 = 1$$

调整后的价格为

$$P_1 = P_0 \left(K_1 \frac{C_1}{C_0} + K_2 \frac{F_1}{F_0} + K_3 \frac{B_1}{B_0} + K_4 \frac{S_1}{S_0} + K_5 \right)$$

式中,P_1 为调整后的价格;P_0 为合同价格;C_1 为波动后水泥的价格、F_1 为波动后钢材的价格、B_1 为波动后木材的价格、S_1 为波动后的人工工资;C_0 为签合同时水泥的价格、F_0 为签合同时钢材的价格、B_0 为签合同时木材的价格、S_0 为签合同时的人工工资;K_1 为水泥的价格、K_2 为钢材的价格、K_3 为木材的价格、K_4 为人工工资的影响系数;K_5 为固定系数。

采取浮动价格机制后,业主承担了涨价风险,但承包方可以提出合理报价。浮动价格机制使承包方不用承担风险,它不会给承包方带来超利润和造价难以估量的损失。因而减少了承包方

与业主之间不因物价、工资价格波动带来的纠纷,使得工程能够顺利实施。

（5）结算

当工程接近尾声时要进行大量的结算工作。同一合同中包含需要结算的项目不止一个,可能既包括按单价计价项目,又包括按总价付款项目。当竣工报告已由业主批准,该项目已被验收时,该建筑工程的总款额就应当立即支付。按单价结算的项目,在工程施工已按月进度报告付过进度款,由现场监理人员对当时的工程进度工程量进行核定,核定承包人的付款申请并付了款,但当时测定的工程量可能准确也可能不准确,所以该项目完工时应由一支测量队来测定实际完成的工程量,然后按照现场报告提供的资料,审查所用材料是否该付款,扣除合同规定已付款的用料量,成本工程师则可标出实际应当付款的数量。承包人自己的工作人员记录的按单价结算的材料使用情况与工程师核对,双方确认无误后支付项目的结算款。

7.3　施工合同索赔管理

7.3.1　索赔的概述

1. 概念

索赔是指在合同实施过程中,合同当事人一方因对方负责的某种原因如对方违规违约或其他过错,或虽无过错但无法防止的外因导致当事人的经济损失或工期延误时,要求对方给予赔偿或补偿的法律行为。

2. 索赔的主要特性

①索赔是合同管理的一项正常的规定,一般合同中规定的工程赔偿款是合同价的 7%~8%。

②索赔作为一种合同赋予双方的具有法律意义的权利主张,

是一种双向的活动。在现实工程实施中,大多数出现的情况是承包方向业主提出索赔。由于承包方向业主进行索赔申请的时候,没有很烦琐的索赔程序,所以在一些合同协议书中一般只规定了承包方向业主进行索赔的处理方法和程序。

③索赔必须建立在损害结果已经客观存在的基础上。不管是时间损失还是经济损失,都需要有客观存在的事实,如果没有发生就不存在索赔的情况。

7.3.2 索赔的起因

1. 发包人违约

发包人违约主要表现为未按施工合同规定的时间和要求提供施工条件、任意拖延支付工程款、无理阻挠和干扰工程施工造成承包人经济损失或工期拖延、发包人所指定分包商违约等[①]情形。

2. 合同调整

合同调整主要表现为设计变更、施工组织设计变更、加速施工、代换某些材料等原因造成工程工期延误。

3. 合同缺陷

签订合同时,由于种种原因造成合同中的条款存在某种疏漏,对承包人或者是发包人的利益产生不利影响。

4. 不可预见因素

由于天灾或者人祸等不可抗力,不可预见的因素对正常施工造成影响,如银行付款延误、邮路延误、车站压货等。

7.3.3 索赔的程序

索赔的程序如图 7-3 所示。

---

① 张玉福. 水利工程施工组织与管理[M]. 郑州:黄河水利出版社,2009.

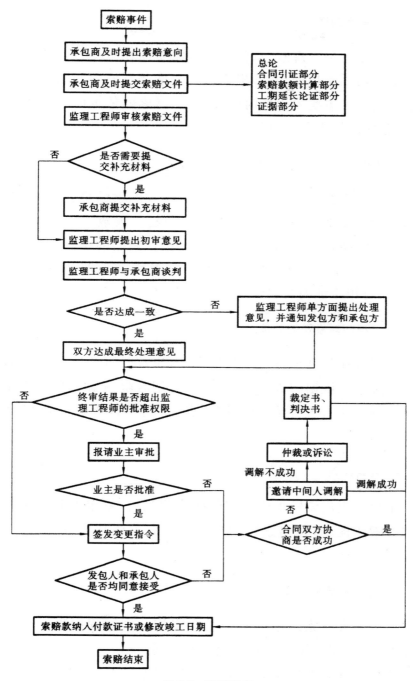

图 7-3　索赔程序

1. 索赔意向通知

当索赔事项出现时,承包人将索赔意向在事项发生 28d 内以书面形式通知工程师,并抄报发包人。索赔意向通知书的内容应包括索赔基本事实发生的时间以及过程,索赔依据的合同条款及文件,造成的损失及严重程度。

2. 索赔报告提交

承包人在合同规定的时限内递送正式的索赔报告,索赔报告需计算索赔款额,或计算所必需的工期延长天数,在合同规定的时限内及时递送正式的索赔报告书。包括索赔的合同依据、索赔理由、索赔的基本事实、索赔要求(费用补偿或工期延长)及计算方法,并附相应证明材料。

3. 工程师对索赔的处理

工程师在收到承包人索赔报告后,应及时审核所提出的基本事实以及索赔依据的资料,并在合同规定时限内给予答复或要求承包人进一步补充索赔理由和证据,逾期可视为该项索赔已经认可。

4. 索赔谈判

工程师提出索赔处理决定的初步意见后,发包人和承包人就此进行索赔谈判,作出索赔的最后决定。若谈判失败,即进入仲裁与诉讼程序。

5. 索赔证据的要求

①事实性。索赔证据必须是在实施合同过程中确实存在和发生的,必须完全反映实际情况,能经得住推敲。

②全面性。所提供的证据应能说明事件的全过程,不能零乱和支离破碎。

③关联性。索赔证据应能互相说明,相互具有关联性,不能互相矛盾。

④及时性。索赔证据的取得及提出应当及时。

⑤具有法律效力。一般要求证据必须是书面文件,有关记录、协议、纪要必须是双方签署的,工程中的重大事件、特殊情况的记录及统计必须由监理工程师签证认可。

7.4　工程招标与投标

7.4.1　水利工程项目的招标

1. 招标方式

招标主要是指招标人①对货物、工程和服务,事先公布采购的条件和要求,邀请投标人参加投标,招标人按照规定的程序进行,最后确定中标人的一系列活动。

一般来说,招标方式主要有两种,公开招标和邀请招标。

(1)公开招标

公开招标主要是指招标人以招标公告的方式,邀请不特定的法人或者组织参与投标。其特点是保证竞争的公平性。

(2)邀请招标

邀请招标主要是指招标人以投标邀请书的形式,邀请三个以上的特定的法人或者组织参与投标。对这种形式的采用相关法律作出了一定的限制条件。

2. 招标程序

招标程序,就是招标工作中应该遵循的先后次序。它反映了招标投标的基本规律。

---

① 招标人是指依照招标投标法的规定提出招标项目,进行招标的法人或者其他组织。

（1）准备阶段

1）申报招标

招标单位在提出申请报告后，主管部门应对招标人的资格进行审查，其主要的条件内容如图 7-4 所示。

图 7-4　招标资格的审查内容

招标资格的审查内容
- ①建设单位及所委托的招标单位是否具有法人资格
- ②投资项目是否进行了可行性研究与论证
- ③是否具备编制招标文件和标底的能力
- ④是否具备进行投票单位资格审查和组织评标、决标的能力

2）编制招标文件

招标文件中的数字要反复校对，防止差错，特别是涉及报价的规定不应出现遗漏，甚至需要聘请咨询单位和法律顾问提供咨询意见。

招标文件主要由文字说明和图纸两部分组成。

3）确定标底

编制招标文件时，一般以拟建工程项目的施工图和有关定额为依据，编制施工图预算。通常把这一预算造价作为"标底"。

（2）招标阶段

1）发出招标信息

工程招标经有关部门审批即可对外发出招标信息。通常有两种方式。

①发布招标广告（适用于公开招标），应在国家制定的报刊、网络、杂志、广播、电视等宣传手段，在社会上广为传播。

②寄发招标通知（适用于邀请招标），书面邀请有关施工企业前来参加投标。

招标信息主要有如图 7-5 所示的内容。

招标信息的内容 {
①招标项目名称
②工程建设地点、现场条件
③工程内容：包括工程规模和招标项目
④招标程序和投标手续、建设工期、质量要求
⑤参加招标者的资历和对投标者的要求
⑥招标单位名称及联系人
⑦招标文件的供应办法
⑧申报投标的手续和报名截止日期，投票与开标的时间。
}

图 7-5　招标的信息

2）资格预审

招标人可以要求潜在投标人提供有关资质证明文件和业绩情况，并对其进行资格审查[①]。

资格预审的目的，在于了解投标单位的资格、实力、信誉，限制不符合条件的企业（包括越级承包）盲目参加投标，但不得借故拒绝合格者参加投标。主要审查内容包括：法人资格、施工经验、技术力量、企业信誉、财务状况。

经审查后，可分为三个等级：完全合格、基本合格、不合格。对不符合条件的投标单位，招投单位要及时通知不再参加下一步投标。

（3）发售招标文件

对预审后合格的投标单位，应及时发出同意其参加投标的邀请书，并通知其前来购买投标文件。对不合格的投标者，也要去信婉言谢绝。

招标文件非常重要，投标单位通过它不仅可以详细了解招标工程的情况，还可以依据它来决定是否参加投标以及编写投标文件。招标文件可在规定时间、地点发售，或者通过函购，由招标单位及时邮寄出。

---

① 赵启光. 水利工程施工与管理[M]. 郑州：黄河水利出版社，2011.

招标文件一旦发出，不得擅自更改，如确需补充和修改，则应在招标截止日期前 15 天内，以正式文件通知到各投标单位（外地以收到通知的邮戳日期为准），否则投标截止日期应后延。

（4）质疑与勘察

招标单位要按规定时间组织投标单位到现场勘察，了解拟建工程的自然环境、施工条件、市场情况，为投标单位到现场收集有关资料提供方便。

招标单位还要组织一次会议，介绍工程情况和有关招标事宜。投标单位如果对招标文件有不理解或含混不清之处，以及在勘察现场中所希望进一步了解的问题，可提出来要求招标单位解释清楚。招标单位有新的补充和修订，也可在会上详加说明。

（5）接受投标文件

从发售招标文件之日起，至投标截止之日止，根据工程规模和难易程度，至少应有 1～3 个月的编制投标文件时间，特大型工程为 3～6 个月，保证投标单位有较充裕的时间进行分析认证，编好投标文件。

接收投标文件，可在截止日期内直接投入密封箱内，也可用密封邮寄（外地）方式，但应以邮戳日期为准。招标单位在收到投标书时，要检查邮件密封情况，合格者寄回回执，投入标箱，原封保存，不合格者的标书退回。

对大中型工程的招标，招标单位还要求投标单位将保函与投标文件一起投送。保函是由投标单位主管部门签署同意投标的保证书，以及有关银行出具的投标保证金（在招标文件中规定数额），未中标者保证金如数退回。

（6）开标

招标单位应按招标文件所规定的时间、地点开标，开标应在各投标单位的代表及评标机构成员在场的情况下公开进行。

招标单位应按规定日期开标，不得随意变动开标日期。万一遇有特殊情况不能按期开标，需经上级主管部门批准，并要事先通知到各投标单位和有关各方，并告知延期举行时间。

开标程序一般如下。

①宣布评标原则与方法。

②请公证部门和招标办代表检查各投标单位投标文件的密封情况、收到时间及各投标单位代表的法人证书或授权书。

③按投标文件收到顺序或倒序由公证部门和招标单位当众启封投标文件及补充函件,公布各投标单位的报价、工期、质量等级、提供材料数量、投标保函金额及招标文件规定需当众公布的其他内容。

④请投标单位的法人代表或法人代表所委托的代理人核实公布的要素,并签字确认。

⑤当众宣布标底。

自发出招标文件到开标时间,由招标单位根据工程项目的大小和招标内容确定。一般定在投标截止日期后 5～15 天内进行,务须公开,并应有记录或录音。

开标前,招标单位必须把密封好的标底送交评委。是否在开标时公布标底,是否当场决定中标单位要根据招标、决标方式而定。

开标应注意的问题如下。

①开标应在招标通告(资格预审通告)或者投标邀请书规定的时间和地点公开进行。《招标投标法》规定,投标截止时间即为开标时间。

②所有投标人均应参加。

③招标人或招标代理机构主持,监理工程师、贷款单位,以及主管部门均派代表参加。

④投标人或公证机构检查投标文件密封情况。

⑤按投标的先后顺序,公开启封正本投标文件。公布投标人的名称、投标总价、投标折扣(如果有的话)或修改函、投标保函、投标替代方案等。不解答任何问题。

⑥编写开标纪要,报送有关部门和贷款单位备案。

⑦开标前应注意:投标人不足 3 家不应开标;投标人超过 3

家,但开标后合格的投标人不足 3 家,则不能重新招标,应在两家或一家中选择中标人。

如果发生下述情况之一,即宣布为废标。

①投标文件(标函)密封不严,或密封有启动迹象。

②未加盖投标单位公章和负责人(法人)印章或法人代表委托的代理人的印章(或签名)。

③投标文件送达时间(或邮戳日期)超过规定投标截止日期。

④投标文件的格式、内容填写不符合规定要求,或者字迹有涂改或辨认不清。

⑤投标单位递交两份或两份以上内容不同的投标文件,未书面声明哪一份为有效。

⑥投标单位无故不参加开标会议。

⑦发现投标单位之间有串通作弊现象。

开标后,对投标书中有不清的问题,招标单位有权向投标者询问清楚。为保密起见,这种澄清也可个别地同投标者开澄清会。对所澄清和确认的问题,应记录在案,并采取书面方式经双方签字后,可作为投标文件的组成部分。但在澄清会谈中,投标单位提出的任何修正声明,更改报价、工期或附加什么优惠条件,一律不作为评标依据。

(7)评标

评标委员会投标文件逐一认真审查的评比的过程称为评标。

评标委员会由招标单位负责组织,邀请上级主管部门、建设银行、设计咨询单位的经验丰富的技术、经济、法律、管理等方面的专家,由总经济师负责评标过程的组织,本着公正原则,提出评标报告,推荐中标单位,供招标单位择优抉择,对评标过程和评标结果不得外泄。

评标、决标大体可分为初评、终评两个阶段。

①初评。初评阶段的主要任务是对各投标单位所提供的投标文件进行符合性审查,审查文件的内容是否与招标文件要求相符合,是否与招标文件的要求一致,以确定投标文件的合格性,选

出符合基本要求标准的合格投标文件。

依据招标文件中列明的评标方法、内容、标准和授标条件,对所有投标人的投标文件做出总体综合评价。

a. 评价投标文件的完整性和响应性。

b. 评价法律手续和企业信誉是否满足要求。

c. 评价财务能力。

d. 评价施工方法的可行性和施工布置的合理性。

e. 对施工能力和经验的比较。

f. 评价保证工程进度、质量和安全等措施的可靠性。

g. 评价投标报价的合理性。

初评包括商务符合性审查和技术符合性审查两阶段。

商务符合性审查内容包括:投标单位是否按招标文件要求递交投标文件及按招标文件要求的格式填写;投标文件正、副文本是否完全按要求签署;有无授权文件;有无投标保函;有无投标人合法地位的证明文件;如为联营投标,有无符合招标文件的联营协议书或授权书;有无完整的已标价的工程量清单;对招标文件有无重大或实质性的修改及应在投标文件中写明的其他项目。

技术符合性审查包括:投标文件是否按要求提交各种技术文件和图纸、资料、施工规划或施工方案等,是否齐全;有无组织机构及人员配备资料;与招标文件中的图纸和技术要求说明是否一致。对于设备采购招标,投标文件的设备性能、参数是否符合文件要求;投标人提供的材料和设备能否满足招标文件要求。

在两项评审基础上,淘汰不合格的投标单位,挑选出合格者,进入终评。

②终评。对初评有竞争优势的投标人(依评标能力,按投标报价低的选 3～5 家投标人),进一步全面评审,选中标候选人。

对于初评合格的投标文件,可转入实质性的评审。

a. 对进入终评的投标人进行书面的和面对面的澄清。

b. 进行投标人的资格后审。

c. 按招标文件列明的方法、内容、标准和授标条件,进一步评价是否能够满足招标文件的实质性要求。

实质性评审同样包括商务性评审和技术性评审两个阶段。

技术性评审主要对投标文件中的组织管理体系、施工组织方案、采取的主要措施、主要施工机械设备、现场的主要管理人员等进行具体、详细的审查与分析,是否合理、先进、科学、可靠等。

商务性评审是从成本、财务和经济分析等方面评定投标人报价的合理性及可靠性,它在评选中占有重要地位,在技术评审合格的投标人中评选出最终的中标者,商务评审常起决定作用。

招标单位应将评标结构的评标报告及推荐意见,于 10 日内报招标办审核。邀请公证部门参加的投标项目,在决标后,由公证人员对整个开标、评标、决标过程作出公证意见。

(8)定标

①招标人根据评标委员会提出的书面评标报告和推荐的中标候选人确定中标人。

②招标人也可授权评标委员会直接确定中标人。

③招标人自确定中标人之日起 15 天内,向有关行政监督部门提交招标投标情况的书面报告。

7.4.2 水利工程项目的投标

1. 投标的概念

水利工程施工项目的投标是指投标人按照招标人提出的要求和条件,凭借自身的实力参与竞争的行为。

在此过程中企业可以凭借自身的经验和信誉,以及投标水平和技巧等优势获得工程项目承包任务。

2. 投标程序

投标程序如图 7-6 所示。

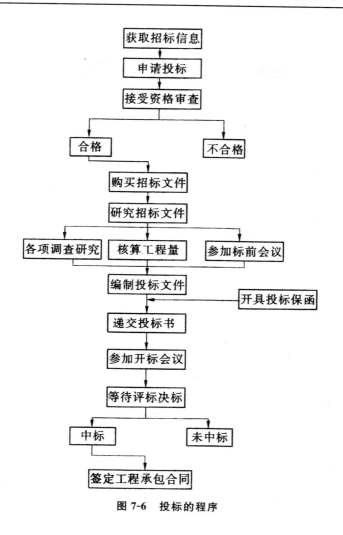

图 7-6　投标的程序

3. 投标文件的编制

投标人应当按照招标文件的要求编制投标文件,且投标文件应当对招标文件提出的实质性要求和条件做出响应。涉及中标项目分包的,投标人应当在投标文件中载明,以便在评审时了解分包情况,决定是否选中该投标人①。

----

① 赵启光. 水利工程施工与管理[M]. 郑州:黄河水利出版社,2011.

4. 投标准备

投标准备工作包括：
①投标人熟悉和研究招标文件。
②组织标前会和现场考察。
③对招标文件的修改和补遗。
④对投标人质疑的答复。

5. 投标前的准备工作

投标前的准备工作包括：
①熟悉招标文件。
②选择咨询单位和雇用代理人。
③编制投标文件前的市场调查和工地考察。
④核定工程量。
⑤投标人针对招标文件、调查和考察等存在的问题提出质疑。
⑥编制施工说明。
⑦编制工程投标报价。
⑧制定编制投标文件前的投标决策。

6. 投标文件的编制

编制招标文件包括如下内容：
①投标邀请书。
②投标人须知。
③合同条款。
④技术规范。
⑤投标书(或称投标函)格式。
⑥合同格式。
⑦工程量清单。
⑧施工进度计划和施工方法的说明。
⑨施工设备和建筑材料清单及使用计划。

⑩劳务使用计划和营地规划。

⑪使用分包人的计划和分包项目。

⑫估算的合同价款支付流程（现金流）。

⑬投标人是联合体时，应报联合体章程。

⑭物价波动调整。

⑮涉外工程时应列明外汇需求和比例，以及兑换率。

⑯资格审查资料。

⑰其他。

7. 编制投标文件应注意的事项

编制投标文件应注意以下事项：

①投标文件填写要清晰、字迹端正，设计图纸与文件装订要美观。

②应反复核对各数字，保证分项和汇总计算值无错。

③投标文件均应由法人代表授权负责人在每页上签字。

④在向招标人递交投标文件之前应准备投标备忘录。

第一类对投标人不利的问题，应随时向招标人提出质疑，要求澄清或更正。

第二类对投标人有利的问题，在投标过程中一般是不提的。

第三类按国内或国际惯例或标准合同条件中某些条款，原本是公平的或对投标人有利的，但招标时招标人把上述条款均改成对招标人有利的条款。这类问题不宜在投标时提出，应在招标人对此投标人有授标意向，在进行合同谈判时提出。

⑤投标总价折扣的问题，是为了保护标底而设置。

8. 工程施工投标实务

①按招标人指定的时间和地点，报送投标文件。

②按招标人指定的时间和地点参加开标。

③投标人澄清招标人的质疑。

④获得中标通知书。

⑤合同谈判。

a. 中标人提出需要解决的合同问题。

b. 招标人提出的某些合同条款进一步具体化,但不得改变原招标文件和投标文件规定的基本原则。

c. 签招标人事先准备好的合同文件。

⑥签订合同协议书。签订协议书之前递交履约担保,之后由监理工程师下达开工通知。承包人可以进场进行工程施工。

9. 投标价格的构成

投标价格的构成如图 7-7 所示[①]。

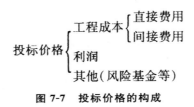

图 7-7　投标价格的构成

10. 费用构成

费用是由直接费用和间接费用两部分构成,如图 7-8 所示。

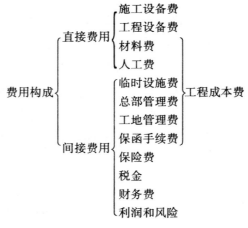

图 7-8　费用的构成

---

①　戴金水,徐海升. 水利工程项目建设管理[M]. 郑州:黄河水利出版社,2008.

（1）施工设备费

施工设备费包括以下费用：

①施工机械折旧费。

②施工机械海洋运保费。

③施工机械陆地运保费。

④施工机械进口税。

⑤施工机械安装拆卸费。

⑥施工机械修理费。

⑦施工机械燃料费。

⑧施工机械操作人工费。

（2）永久设备费

永久设备费包括以下费用：

①设备离岸价。

②海洋运保费。

③陆地运保费。

④进口税。

⑤安装费。

⑥试运转费。

（3）材料费

材料费包括以下费用：

①材料采购价。

②材料海洋运保费。

③材料陆地运保费。

④材料进口税。

（4）人工费

人工费包括当地工人费和出国增加费。

（5）间接费用

间接费用包括以下费用：

①临时设施工程费。

②保函手续费。

③保险费。

④税金。

⑤业务费，包括投标费、为发包人和监理工程师提供工作和生活条件的费用、代理人佣金、法律顾问费。

⑥管理费，包括施工管理费和总部管理费。

⑦财务费，指银行贷款支付的利息。

（6）利润和风险费

利润和风险费包括以下费用：

①施工单位承包工程利润。

②备用金，指发包人指明的备用金额。

③风险基金。

11. 投标报价

投标总报价的费用组成由招标文件规定，通常由主体工程费用、临时工程费用、保险、中标服务费和备用金组成。例如计算某一项的单价时，就需要考虑这几项因素。

12. 投标文件的完整性

投标文件的完整性包括：

①投标文件的内容是否满足招标文件的基本要求。

②重要表格是否按招标文件的要求都已填报。

③是否在授权书、投标函上有合法的签字。

④投标保证金是否满足招标文件的要求。

13. 投标文件的响应性

投标文件响应招标文件要求的实质是指遵从招标文件的所有项目、条款和技术规范的要求，而无实质性偏离或保留。实质性的偏离或保留是指：

①以任何方式对工程的范围、质量标准或实施造成影响。

②与招标文件相悖，包括工程或设备在使用性能上产生不利影响。

③对合同中规定的招标人的权利或投标人的义务实施产生限制。

④纠正这种偏离或保留又会不公平地影响提出响应性投标文件的投标人的竞争地位。

14. 投标

①编制投标文件和投标报价。

②按投标人须知的规定密封投标文件。

③在投标截止日期之前,将投标文件寄达或由专人送达指定地点。

7.5　投标决策与技巧研究

投标方要想在投标过程中顺利成为中标方,就必须在投标过程中体现投标方的优势。把握好投标过程中的技巧和决策是关系到一项水利工程项目投标的成败,对投标决策与技巧的研究不仅可以提高投标方的成功概率,而且在不断总结经验的基础上为以后的水利工程项目的投标做好更多的准备。

7.5.1　投标方的工程估价

投标报价是投标单位根据招标文件及有关的计算工程造价的依据,计算出投标价格,并在此基础上采取一定的投标策略,为争取到投标项目提出的有竞争力的投标报价。

1. 投标方工程估价的基本原理

投标方工程估价的基本原理与工程预算大体相同,不同之处在于投标人是以投标价格参与竞争的,应贯穿企业自主报价的原则。

（1）计价方法

可以采用定额计价方法或者工程量清单计价方法。

（2）编制方法

投标方工程估价的编制方法取决于招标文件的规定。

（3）合同形式

常见的合同形式有总价合同、单价合同、成本加酬金合同。

当拟建工程采用总价合同形式的时候，投标人应该按照规定对整个工程涉及的工作内容做出总报价；当拟建工程采用单价合同形式的时候，投标人应该按照规定对每个分项工程报出综合单价。投标人首先计算出每个分项工程的直接工程费，随后再分摊一定比例的间接费、利润，形成综合单价。工程的措施费单列，作为竞争的条件之一，规费和税金不参与竞争。

2. 投标价格的编制方法

投标价格的编制要满足招标文件的要求。

投标人在参与工程投标的过程中，最重要的工作是编制投标文件和确定投标报价。

招标投标法规定，投标报价低于成本的，不能中标。故投标价格的估算，关键是准确估算拟建工程的企业成本，并在此基础上估算投标价格。进行投标价格的估算时要注意六个费用方面的估算：一是人工费用的估算，人工费用时由人工完成该分项工程所需要的人工消耗量标准和相应的人工工日单价两个因素决定；二是材料费用的估算，材料费用与人工费用类似，是由完成该分项工程所需要的各种材料消耗量标准和相应的材料价格两个因素所决定；三是机械费用的估算，该费用是由完成该分项工程所需要的各种机械台班消耗量标准及相应的机械台班使用费决定；四是分包费用的估算，估算分包费用时可以向分包商询问价格或者依据过去的分包价格来计算，需要注意的是分包的直接费用上还需再增加一些总包的管理费用；五是其他费用的估算，包括措施费、企业管理费、风险费以及利润的估算；六是税金的估算，以上述的五个方面的费用总和为基础，按税法的有关规定进行计算。以不含税的工程造价为计算基础乘综合税率计算[①]。

---

① 祁丽霞. 水利工程施工组织与管理实务研究［M］. 北京：中国水利水电出版社，2014.

3. 工程估价的基本程序

工程估价的基本程序如图 7-9 所示。

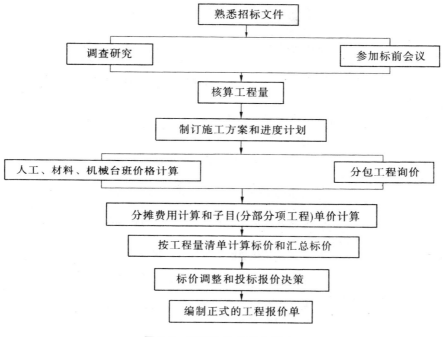

图 7-9　工程估价的基本程序

7.5.2　投标的决策与技巧

1. 影响投标报价的因素

影响投标报价的因素如图 7-10 所示。

2. 投标技巧

①不平衡报价法。不平衡报价法主要在拟建工程采取单价合同形式时一贯使用的投标报价策略。

不平衡报价法的报价技巧如表 7-1 所示。

影响投标报价的因素

1.合同形式 {
①采用单价合同，按清单计价模式以综合单价报价
②采用总价合同，可以总价形式报价而无须提供每个分项工程的综合单价
}

2.评标形式 {
①采用最接近标底者中标的评标方式，报价应尽可能接近标底
②采用标底一定浮动范围内最低价中标的评标方式，报价应在规定的浮动范围内尽可能适当下浮
③采用最低价者中标的评标方式，报价应以本企业的成本价为基础，尽可能以较低的报价
④采用综合评分的评标方式，不仅报价应尽可能满足评分标准的要求，其他评分项目也应尽可能满足其要求，以获高分
}

3.竞争程度 {
①竞争激烈时，应以较低的价格争取中标
②竞争较弱时，以较高的报价争取较大的利润
}

4.企业实力 {
①某企业在某领域有技术优势，报价高些
②若无技术优势时，以较低的报价争取中标
}

5.施工任务 {
①施工任务饱满，不急于承揽新的施工任务，报价可高些
②施工任务缺乏，需要承担新的施工任务，以较低的价格争取中标
}

6.施工条件 {
①施工条件好时，可以报较低的价格
②施工条件好时，报以较高的价格
}

图 7-10　影响投标报价的因素

表 7-1　不平衡报价法的报价技巧

序号	信息类型	变动趋势	不平衡结果
1	单价组成分析表（其他项目费）	人工费和机械费	单价高
		材料费	单价低
2	暂定工程	自己承包的可能性高	单价高
		自己承包的可能性低	单价低
3	报单价的项目	没有工程量	单价高
		有假定的工程量	单价适中

续表

序号	信息类型	变动趋势	不平衡结果
4	资金收入时间	早	单价高
		晚	单价低
5	招标时业主要求压低单价	工程量大的项目	单价高
		工程量小的项目	单价降低
6	分包项目	自己发包	单价高
		业主指定分包	单价低
7	工程量估算不准确	增加	单价高
		减少	单价低
8	单价和包干混合制的项目	固定包干项目	单价高
		单价项目	单价低
9	另行发包项目	配合人工、机械费	单价高
		配合用材料	有意漏报
10	报价图纸不明确	增加工程量	单价高
		减少工程量	单价低
11	设备安装	特殊设备、材料	主材单价高
		常见设备、基础	主材单价低

②先亏后盈法。对于一些大型的，需要分期建设的工程，为了能够拿到后续工程的建设，在第一期时可以以非常少的利润去投标。

③许诺优惠条件。针对招标方的需求，提出一些辅助的优惠条件，比如免费进行技术人员的培训、可以提前竣工等等条件，增加中标的可能性。

④多方案报价法。根据招标方对工程的一些规定不清楚时，可以经过风险研究，分析工程的多种可能性，制定不同情况下的招标报价，以便吸引招标人。

⑤增加建议方案法。有些招标文件允许提一个建议方案，即可修改原设计方案，降低总造价或是缩短工期，或是工程运用更

为合理,提出更为合理的方案以吸引业主。但要注意对原招标方案一定要报价。

3. 投标报价的步骤

(1)按相应报价方法估算出初步标价

根据招标文件的具体要求估算。

(2)调整、修正初步标价,做内部标价

①校正初步标价。对初步标价进行内部审查,校正初步标价在计算方面的错误。

②调整初步标价。对初步标价进行分析,看其与工程的质量要求是否相称,价格是否有偏高或偏低的情况,随后对不合理因素进行调整。

(3)进行盈余分析,计算高、中、低三档标价

盈余分析指对内部标价中尚存的盈余及风险因素进行预测、研究、分析,并将可能出现的预期赢利和估计风险损失予以定量分析的工作。

①中标价。以内部标价为中标价,也称基础标价。根据盈余分析的结果,以此为基础,计算出高标价和低标价。

②高标价。充分考虑可能发生的风险损失后的最高报价。

高标价＝基础标价＋(估计风险损失×修正系数)

③低标价。应该是能保本的最低报价,而非盲目压价。

低标价＝基础标价－(预期赢利×修正系数)

修正系数应小于1,一般为0.5～0.7。

(4)进行拟报标价,将其核准为最终标价

①拟报标价。拟报标价是指在上述高、中、低三档标价中作出决策,选择一个标价。

②最终标价。最终标价是投标人在投标报价书中所填写的标价。

最终标价应该是投标人经过反复斟酌、慎重调整后确定的,既有较大的中标可能性,又能保证中标后有利可图的标价。

第8章　水利工程建设项目施工及环境安全管理

　　施工现场是施工生产因素的集中点,主要由多工种立体作业。因此,施工现场属于事故多发的作业现场。控制人的不安全行为和物的不安全状态,是施工现场安全管理的重点,也是预防与避免伤害事故,保证生产处于最佳安全状态的根本环节。

8.1　施工安全管理

8.1.1　施工安全管理的概念

　　施工安全管理是指在项目施工的全过程中,通过法规、技术、组织等手段,消除或减少不安全因素。为了保障直接从事施工操作的人的安全,必须强化动态中的安全管理活动。其中,施工安全管理主要有以下几点:

　　①贯彻落实国家安全生产法规,落实"安全第一,预防为主"的安全生产方针。

　　②对职工伤亡及生产过程中各类事故进行调查、处理和上报。

　　③制定并落实各级安全生产责任制。

　　④积极采取各种安全工程技术措施,进行综合治理,使企业的生产机械设备和设施达到本质化安全的要求。

　　⑤推动安全生产目标管理,推广和应用现代化安全管理技术与方法,深化企业安全管理。

8.1.2　施工安全管理的特点

1. 安全管理的复杂性

　　水利工程施工具有项目固定性、生产流动性、外部环境影响不确定性,这些决定了施工安全管理的复杂性。其中,生产流动性主要指生产要素的流动性,它是指生产过程中人员、工具和设备的流动,主要表现在以下几个方面:

①同一工序不同工程部位之间的流动。

②同一工地不同工序之间的流动。

③同一工程部位不同时间段之间的流动。

④施工企业向新建项目迁移的流动。

外部环境对施工安全影响因素很多,主要表现在:露天作业多;气候变化大;地质条件变化;地形条件影响;地域、人员交流障碍影响。这些生产因素和环境因素的影响使施工安全管理变得复杂,考虑不周会出现安全问题。

2. 安全管理的多样性

受客观因素影响,水利工程项目具有多样性的特点,建筑产品的单件性使得施工作业要根据特定条件和要求进行,安全管理也就具有了多样性的特点,表现在以下几个方面:

①不能按相同的图纸、工艺和设备进行批量重复生产。

②因项目需要设置组织机构,项目结束后组织机构随即不存在,生产经营的一次性特征突出。

③新技术、新工艺、新设备、新材料的应用给安全管理带来新的难题。

④人员的改变、安全意识、经验不同带来安全隐患。

3. 安全管理的强制性

由于建设工程市场的竞争,工程标价往往会被压低,造成施工单位不按有关规定组织生产,减少安全管理费用投入,不安全因素增加。同时,施工作业人员文化素质低,并处在动态调整的不稳定状态中,给施工现场的安全管理带来很多不利因素。因此要求建设单位和施工单位重视安全管理经费的投入,达到安全管理的要求,政府也要加大对安全生产的监管力度。

8.1.3　施工安全控制

安全管理重在控制,重点控制人的不安全行为、物的不安全状态及环境的不安全因素。

1. 安全控制的概念

安全生产是指施工企业使生产过程避免人身伤害、设备损害及其不可接受的损害风险的状态。安全控制是指企业通过对安全生产过程中涉及的计划、组织、监控、调节和改进等一系列致力于满足施工安全措施所进行的管理活动。不可接受的损害风险通常是指超出了法律、法规和规章的要求,超出了人们普遍接受要求的风险。安全与否是一个相对的概念,要根据风险接受程度来判断。

2. 安全控制的方针与目标

(1)安全控制的方针

安全控制的方针是"安全第一,预防为主"。安全第一是指把人身的安全放在第一位,生产必须保证人身安全,充分体现以人为本的理念。

(2)安全控制的目标

安全控制的目标是减少和消除生产过程中的事故,保证人员健康安全,避免财产损失。安全控制目标具体包括:

①减少和消除人的不安全行为的目标。

②减少和消除设备、材料的不安全状态的目标。

③改善生产环境和保护自然环境的目标。

3. 施工安全控制的特点

(1)安全控制面大

由于建设规模大、生产工序多、工艺复杂,水利工程生产过程中不确定因素多,安全控制涉及范围广、控制面广。

（2）安全控制的动态性

水利枢纽工程由许多单项工程所组成，使得生产建设所处的条件不同，施工作业人员进驻不同的工地，面对不同的环境，需要时间去熟悉，对工作制度和安全措施进行调整。

由于工程建设项目的分散性，现场施工分散于不同的空间部位，作业人员面对具体的生产环境，除需熟悉各种安全规章制度和安全技术措施外，还要作出自己的判断和处理，即使有经验的人员也必须适应不断变化的新问题、新情况。

（3）安全控制体系的交叉性

工程项目的建设是一个开放系统，受自然环境和社会环境的影响，因此施工安全控制必然与工程系统、环境系统和社会系统密切联系、交叉影响，建立和运行安全控制体系要与各相关关系统结合起来。

（4）安全控制的严谨性

安全事故的出现是随机的，偶然中存在必然性，一旦发生，就会造成伤害和损失。因此，预防措施必须严谨，如有疏漏就可能发展到失控，酿成事故。

4. 施工安全控制程序

施工安全控制程序如图 8-1 所示。

（1）确定项目的安全目标

按目标管理的方法，将安全目标在以项目经理为首的项目管理系统内进行分解，从而确定每个岗位的安全目标，实现全员安全控制。

（2）编制项目安全技术措施计划

采取技术手段加以控制和消除生产过程中的不安全因素，是作为工程项目安全控制的指导性文件，落实预防为主的方针。

（3）项目安全技术措施计划的落实和实施

项目安全技术措施包括建立健全安全生产责任制、设置安全生产设施，安全检查、事故处理、安全信息的沟通和交流等，使生产作业的安全状况处于可控制状态。

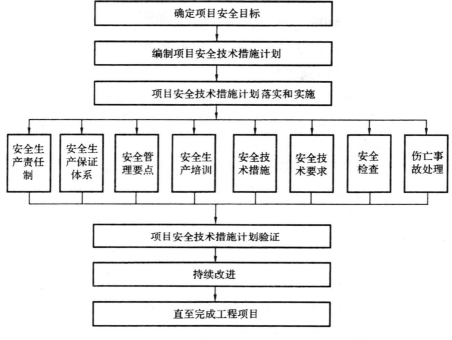

图 8-1　施工安全控制程序图

（4）项目安全技术措施计划的验证

项目安全技术措施计划的验证包括安全检查、纠正不符合因素、检查安全记录、安全技术措施修改与再验证。

（5）持续改进

根据项目安全技术措施计划的验证结果，不断对项目安全技术措施计划进行修改、补充和完善，直到工程项目全面工作完成为止。

8.1.4　施工现场安全要求

1. 排水施工

土方开挖应注重边坡和坑槽开挖的施工排水。坡面开挖时，应根据土质情况，间隔一定高度设置戗台，并在坡脚设置护

脚和排水沟。石方开挖工区施工排水应合理布置,应符合以下要求:

①一般建筑物基坑(槽)的排水,采用明沟或明沟与集水井排水时,每隔30～40m设一个集水井,集水井应低于排水沟至少1m左右,井壁应做临时加固措施。

②大面积施工场区排水时,应在场区适当位置布置纵向深沟作为干沟,干沟沟底应大于基坑1～2m,使四周边沟、支沟与干沟连通将水排出。

③岸坡或基坑开挖应设置截水沟,截水沟距离坡顶安全距离不小于5m;明沟距道路边坡距离应不小于1m。

④工作面积水、渗水的排水,应设置临时集水坑,集水坑面积宜为2～3m²,深1～2m,并安装移动式水泵排水。

⑤边坡工程排水设施,应遵守下列规定:

a. 周边截水沟,一般应在开挖前完成,截水沟深度及底宽不宜小于0.5m,沟底纵坡不宜小于0.5%;长度超过500m时,宜设置纵排水沟、跌水或急流槽。

b. 急流槽与跌水,急流槽的纵坡不宜超过1∶1.5;急流槽过长时宜分段,每段不宜超过10m;土质急流槽纵度较大时,应设多级跌水。

c. 边坡排水孔宜在边坡喷护之后施工,坡面上的排水孔宜上倾10%左右,孔深3～10m,排水管宜采用塑料花管。

d. 采用渗沟排除地下水时,渗沟顶部宜设封闭层。渗沟施工应边开挖、边支撑、边回填,开挖深度超过6m时,应采用框架支撑。渗沟每隔30～50m或平面转折和坡度由陡变缓处宜设检查井。

2. 施工用电要求

在建工程(含脚手架)的外侧边缘与外电架空线路的边线之间应保持安全操作距离。最小安全操作距离应小于表8-1的规定。

表 8-1　在建工程的外侧与外电架空线路的边线之间最小安全操作距离

外电线路电压/kV	<1	1～10	35～110	154～220	330～500
最小安全操作距离/m	4	6	8	10	15

若施工现场机动车道与外电架空线路交叉时,架空线路的最低点与路面的垂直距离应不小于表 8-2 的规定。

表 8-2　施工现场的机动车道与外电架线路交叉的最小垂直距离

外电线路电压/kV	<1	1～20	35
最小垂直距离/m	6	7	7

若机械在高压线下进行工作或通过时,其最高点与高压线之间的最小垂直距离不得小于表 8-3 的规定。

表 8-3　机械最高点与高压线之间的最小垂直距离

线路电压/kV	<1	1～20	35～110	154	220	330
最小垂直距离/m	1.5	2	4	5	6	7

3. 高处作业的标准与防护措施

(1)高处作业的标准

凡超过高度基准面 2m 和 2m 以上,都有可能发生坠落的高处作业。高处作业的级别:高度在 2～5m 时,称为一级高处作业;高度在 5～15m 时,称为二级高处作业;高度在 15～30m 时,称为三级高处作业;高度在 30m 以上时,称为特级高处作业。

(2)安全防护措施

高处作业前,应检查排架、脚手板、通道、梯子和防护设施,符合安全要求方可作业。若高处作业下方或附近有煤气、烟尘及其他有害气体,应采取排除或隔离等措施,否则不得施工。高处作业使用的脚手架平台,应铺设固定脚手板,临空边缘应设高度不低于 1.2m 的防护栏杆。

在带电体附近进行高处作业时，距带电体的最小安全距离，应满足表 8-4 的规定，如遇特殊情况，应采取可靠的安全措施。

表 8-4　高处安全时与带电体的安全距离

电压等级/kV	10 以下	20～35	44	60～110	154	220	330
工器具、安装构件、接地线与带电体的距离/m	2.0	3.5	3.5	4.0	5.0	5.0	6.0
工作人员的活动范围与带电体的距离/m	1.7	2.0	2.2	2.5	3.0	4.0	5.0
整体组立杆塔与带电体的距离/m	应大于倒杆距离（自杆塔边缘到带电体的最近侧为塔高）						

4. 施工安全的收尾管理

项目收尾管理的内容，是指项目收尾阶段的各项工作内容，主要包括竣工收尾、竣工结算、竣工决算、回访保修、考核评价等方面的管理工作。

建筑工程项目收尾管理工作的具体内容如图 8-2 所示。

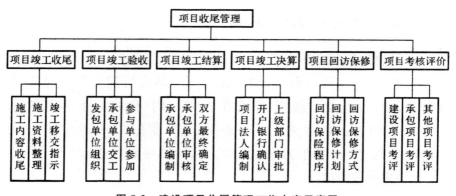

图 8-2　建设项目收尾管理工作内容示意图

从宏观上看，工程项目竣工验收是全面考核项目建设结果，检验项目决策、设计、施工、设备制造、管理水平，总结工程项目建设经验的重要环节。工程项目竣工验收、交付使用，是项目生命期的最后一个阶段，也是工程项目从实施到投入运行使用的衔接转换阶段。

8.1.5　施工安全管理体系

1. 建立安全管理体系的作用

安全管理体系不同于安全卫生标准,它对企业环境的安全卫生状态规定了具体的要求和限定,使所有劳动者获得安全与健康,是社会公正、安全、文明、健康发展的基本标志,也是保持社会安定团结和经济可持续发展的重要条件。通过科学管理应使工作环境符合安全卫生标准的要求,安全管理体系是项目管理体系中的一个子系统,其循环也是整个管理系统循环的一个子系统。

2. 建立安全管理体系的要求

(1)安全管理体系原则

安全生产管理体系应符合建筑企业和本工程项目施工生产管理现状及特点。建立安全管理体系并形成文件,是企业制定的各类安全管理标准。

(2)安全生产策划

安全生产策划针对工程项目的规模、结构、环境、技术含量、施工风险和资源配置等因素进行策划。在配置上,必须确定控制和检查手段,确定危险部位和过程,对风险大和专业性较强的工程项目进行安全论证。同时确定整个施工过程中应执行的文件、规范,无论是在冬季、雨季还是在夜间都要采取相适应的安全技术措施,并得到有关部门的批准。

3. 安全生产保证体系

(1)安全保证体系

项目部成立以项目经理为首的安全领导小组,安全管理部门负责人全面负责安全工作,下设专职安全员和兼职安全员。图 8-3 为某工程的安全保证体系。

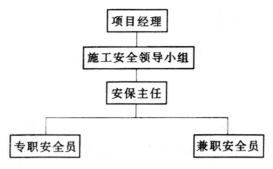

图 8-3　安全保证体系图

（2）安全生产目标

安全生产目标是：杜绝因工死亡事故，不发生重大施工、交通和火灾事故，力争实现零事故。

（3）安全人员及职责范围

项目经理为施工安全第一责任人，下设以项目经理为组长，成员以安全管理部门负责人为主。安全管理部门负责人为施工安全的重要责任人，负责施工实施安全规章和落实全面的安保工作，检查施工现场的安全隐患。同时，安全人员要制定安全生产管理措施及方法，把各部分工程、各工序的安全检查都能落实，把安全隐患消除在萌芽状态。

8.2　环境安全管理

8.2.1　施工现场环境保护的意义

根据《环境管理体系要求及使用指南》（GB/T 24001—2004），环境管理体系的基本内容由 5 个一级要素和 17 个二级要素构成。17 个要素的内在关系如图 8-4 所示。

（1）保护和改善施工环境是保证人们身体健康和社会文明的需要采取专项措施防止粉尘、噪声和水源污染，保护好作业现场及其周围的环境是保证职工和相关人员身体健康、体现社会总体文明的一项利国利民的重要工作。

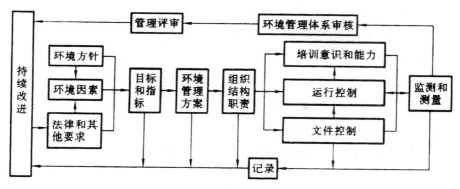

图 8-4　环境管理体系各要素关系

（2）保护和改善施工现场环境是消除外部干扰、保护施工顺利进行的需要

随着人们的法制观念和自我保护意识的增强，尤其对距离当地居民或公路等较近的项目，施工扰民和影响交通的问题比较突出，项目经理部应针对具体情况及时采取防治措施，减少对环境的污染和对他人的干扰，这也是施工生产顺利进行的基本条件。

（3）保护和改善施工环境是现代化大生产的客观要求

现代化施工广泛应用新设备、新技术、新的生产工艺，对环境质量要求很高，如果粉尘、振动超标就可能损坏设备、影响功能发挥，使设备难以发挥作用。

（4）节约能源、保护人类生存环境、保证社会和企业可持续发展的需要

人类社会即将面临环境污染危机的挑战。为了保护子孙后代赖以生存的环境，每个公民和企业都有责任和义务保护环境。良好的环境和生存条件也是企业发展的基础和动力。

8.2.2　施工现场的噪音控制

1. 施工现场噪声的控制措施

噪声控制技术可以从声源、传播途径、接收者的防护等方面来考虑。

（1）从噪声产生的声源上控制

①尽量采用低噪声设备和工艺代替高噪声设备与工艺，如低噪声振捣器、风机、电机空压机、电锯等。

②在声源处安装消声器消声，即在通风机、压缩机、燃气机、内燃机及各类排气放空装置等进出风管的适当位置设置消声器。

（2）从噪声传播的途径上控制

在传播途径上控制噪声的方法主要有以下几种：

①吸声。利用吸声材料或由吸声结构形成的共振结构吸收声能，降低噪声。

②隔声。应用隔声结构，将接收者与噪声声源分隔。

③消声。利用消声器阻止传播，允许气流通过消声器降噪是防治空气动力性噪声的主要装置。

④减振降噪。通过降低机械振动减小噪声，改变振动源与其他刚性结构的连接方式等。

（3）对接收者的防护

让处于噪声环境下的人员使用耳塞、耳罩等防护用品，以减轻噪声对人体的危害。

（4）控制强噪声作业的时间

凡在人口稠密区进行强噪声作业时，须严格控制作业时间，一般晚 10 点到次日早 6 点之间停止强噪声作业。确系特殊情况必须昼夜施工时，尽量采取降低噪声的措施，并出安民告示，求得群众谅解。

（5）严格选用符合国家环保标准的施工机具

对工程施工中需要使用的运输车辆以及打桩机、混凝土振捣棒等施工机械提前进行噪声监测，直至达到要求为止。加强机械设备的日常维护和保养，降低施工噪声对周边环境的影响。

2. 施工现场噪声的控制标准

根据国家标准《建筑施工场界噪声限值》的要求，对不同施工作业的噪声限值如表 8-5 所列。在距离村庄较近的工程施工中，要特别注意噪声尽量不得超过国家标准的限值,尤其是夜间工作时。

表 8-5　不同施工阶段作业噪音限值　　　　单位:dB/♯

施工阶段	主要噪声源	噪声限制	
		昼间	夜间
土石方	推土机、挖掘机、装载机等	75	75
打桩	各种打桩机	85	禁止施工
结构	混凝土、振捣棒、电锯等	70	55
装修	吊车、升降机等	62	55

8.2.3　施工现场环境保护措施

1. 建立环境保护体系

施工企业在施工过程中要认真贯彻落实国家有关环境保护的法律、法规和规章,做好施工区域的环境保护工作。质量安全部全面负责施工区及生活区的环境监测和保护工作,定期对本单位的环境事项及环境参数进行监测,最大限度地减少施工活动给周围环境造成的不利影响。

工程开工前,施工单位要编制详细的施工区和生活区的环境保护措施计划,根据具体的施工计划制定与工程同步的防止施工环境污染的措施,认真做好施工区和生活营地的环境保护工作,防止工程施工造成施工区附近地区的环境污染和破坏。

2. 保护空气质量

①减少开挖过程中产生大气污染的措施。工程开挖施工中,岩石层尽量采用凿裂法施工。其次,钻孔和爆破过程中尽量减少粉尘污染。最后,凿裂和钻孔施工尽量采用湿法作业,减少粉尘,保护空气质量。

②水泥、粉煤灰的防泄漏措施。在水泥、粉煤灰运输装卸过

程中,保持良好的密封状态,所有出口配置袋式过滤器,并定期对其密封性能进行检查和维修。

③混凝土拌和系统防尘措施。混凝土拌和楼安装除尘器,在拌和楼生产过程中,除尘设施同时运转使用。

④机械车辆使用过程中,加强维修和保养,使用 0♯柴油和无铅汽油等优质燃料,防止汽油、柴油、机油的泄露,减少有毒、有害气体的排放量。

⑤场内施工道路保持路面平整、排水畅通,并经常检查、维护及保养。晴天洒水除尘,道路每天洒水不少于 4 次,施工现场不少于 2 次。

3. 加强水质保护

在施工过程中,应加强水质的保护,包括砂石料加工系统生产废水、机修含油废水等,做到废水回用零排放。在沉淀池后设置调节池及抽水泵、排水沟、沉沙池,减少泥沙和废渣进入江河。同时,施工机械、车辆定时集中清洗,清洗水经集水池沉淀处理后再向外排放。此外,每月对排放的污水进行监测,发现排放污水超标,或排污造成水域功能受到实质性影响,立即采取必要治理措施进行纠正处理。

4. 固体废弃物处理

根据《中华人民共和国固体废物污染环境防治法》,固体废弃物应按设计和合同文件要求送至指定弃渣场。要采取工程保护措施,避免渣场边坡失稳和弃渣流失。完善渣场地表给排水规划措施,确保开挖的渣场边坡稳定,防止因任意倒放弃渣而降低河道的泄洪能力。施工后期对渣场坡面和顶面进行整治,使场地平顺,利于复耕或覆土绿化。

同时,保持施工区和生活区的环境卫生,在施工区和生活营地设置足够数量的临时垃圾贮存设施,遇有含铅、铬、砷、汞、氰、硫、铜、病原体等有害成分的废渣,要报请当地环保部门批准,在环保人员指导下进行处理。

5. 文物保护

施工过程前,应对全体员工进行文物保护教育,提高保护文物的意识和初步识别文物的能力。在发现文物(或疑为文物)时,立即停止施工,采取合理的保护措施,防止移动或破坏,同时将情况立即通知业主和文物主管部门,执行文物管理部门关于处理文物的指示。

施工工地的环境保护不仅仅是施工企业的责任,同时也需要业主的大力支持。在施工组织设计和工程造价中,业主要充分考虑到环境保护因素,并在施工过程中进行有效监督和管理。

参考文献

[1]赵启光.水利工程施工与管理[M].郑州:黄河水利出版社,2011.

[2]张守金,康百赢.水利水电工程施工组织设计[M].北京:中国水利水电出版社,2008.

[3]钟汉华,薛建荣.水利水电工程施工组织与管理[M].北京:中国水利水电出版社,2005.

[4]戴金水,徐海升等.水利工程项目建设管理[M].郑州:黄河水利出版社,2008.

[5]刘丽宏,张松等.水利工程施工现场管理[M].武汉:华中科技大学出版社,2014.

[6]孟秀英,谢永亮.水利工程施工组织与管理[M].武汉:华中科技大学出版社,2013.

[7]祁丽霞.水利工程施工组织与管理实务研究[M].北京:中国水利水电出版社,2014.

[8]刘庆飞,梁丽.水利工程施工组织与管理[M].郑州:黄河水利出版社,2013.

[9]聂俊琴,张强.水利水电工程施工组织与管理[M].北京:中国水利水电出版社,2014.

[10]张玉福.水利水电工程施工组织与管理[M].郑州:黄河水利出版社,2009.

[11]黄森开.水利水电工程施工组织与工程造价[M].北京:中国水利水电出版社,2003.

[12]黄森开.水利工程施工组织及预算[M].北京:中国水利水电出版社,2002.

[13]毛小玲,郭晓霞.建筑工程项目管理技术问答[M].北

京：中国电力出版社，2004.

[14]李开运.建设项目合同管理[M].北京：中国水利水电出版社，2001.

[15]钟汉华.水利工程施工与概预算[M].北京：中国水利水电出版社，2003.

[16]钟汉华.水利水电工程造价[M].北京：科学出版社，2004.

[17]钟汉华.工程建设监理[M].郑州：黄河水利出版社，2005.

[18]俞振凯.水利水电工程管理与实务[M].北京：中国水利水电出版社，2004.

[19]王武齐.建筑工程计量与计价[M].北京：中国建筑工业出版社，2007.

[20]张若美.施工人员专业知识与务实[M].北京：中国环境科学出版社，2007.

[21]冷爱国，何俊.城市水利施工组织与造价[M].郑州：黄河水利出版社，2008.